GUIDA TURISTICA DELL'UNIVERSO

Realizzazione editoriale: Studio Newt - Firenze

www.giunti.it

Via Bolognese 165 - 50139 Firenze - Italia
Via G.B. Pirelli 30 - 20124 Milano - Italia

Prima edizione: giugno 2021

EMILIANO RICCI

GUIDA TURISTICA DELL'UNIVERSO

ALLA SCOPERTA DELLO SPAZIO, FRA MONDI ALIENI E MOSTRI DEL CIELO

GIUNTI

A mia madre

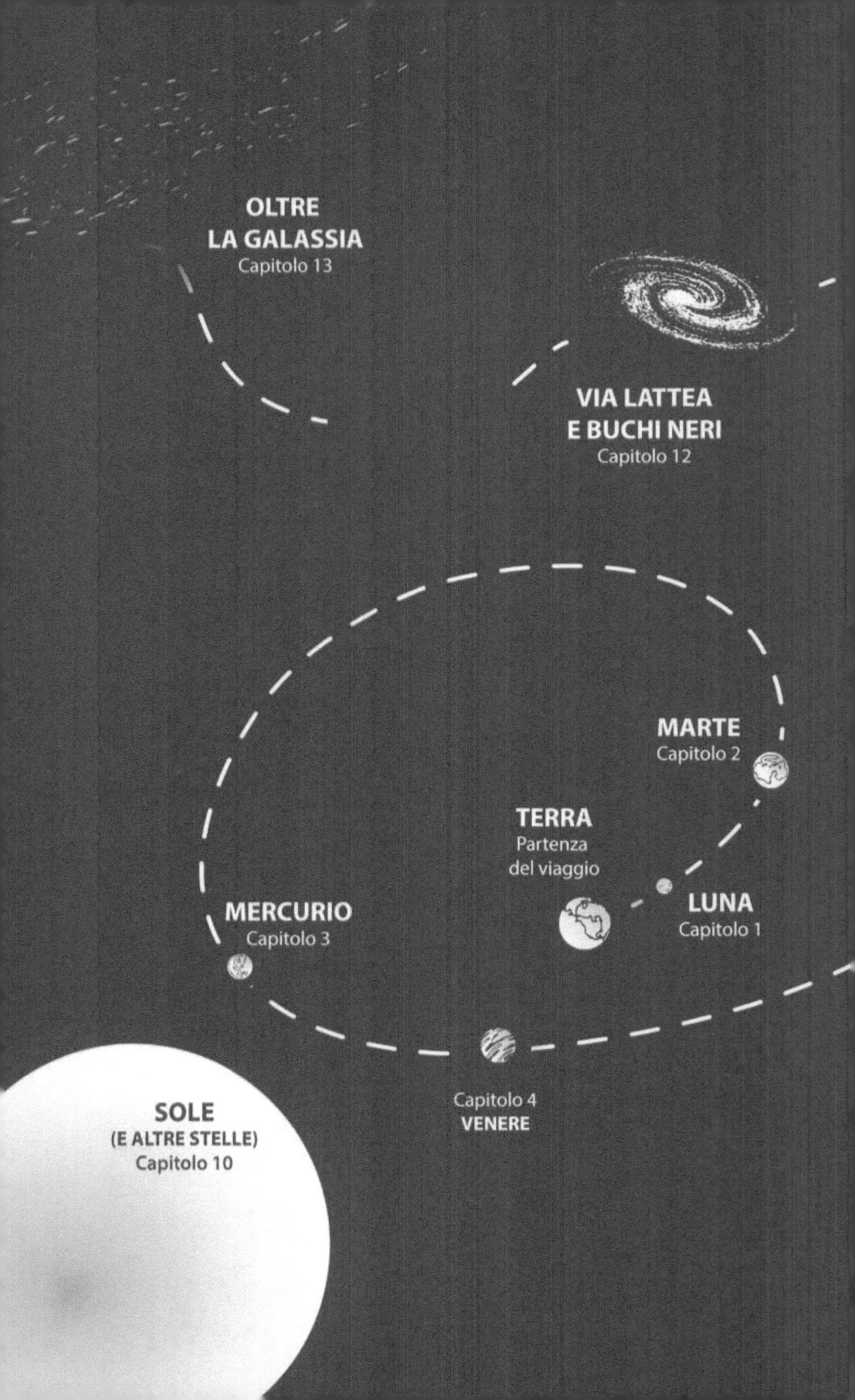
OLTRE
LA GALASSIA
Capitolo 13
VIA LATTEA
E BUCHI NERI
Capitolo 12
MARTE
Capitolo 2
TERRA
Partenza
del viaggio
LUNA
Capitolo 1
MERCURIO
Capitolo 3
Capitolo 4
VENERE
SOLE
(E ALTRE STELLE)
Capitolo 10

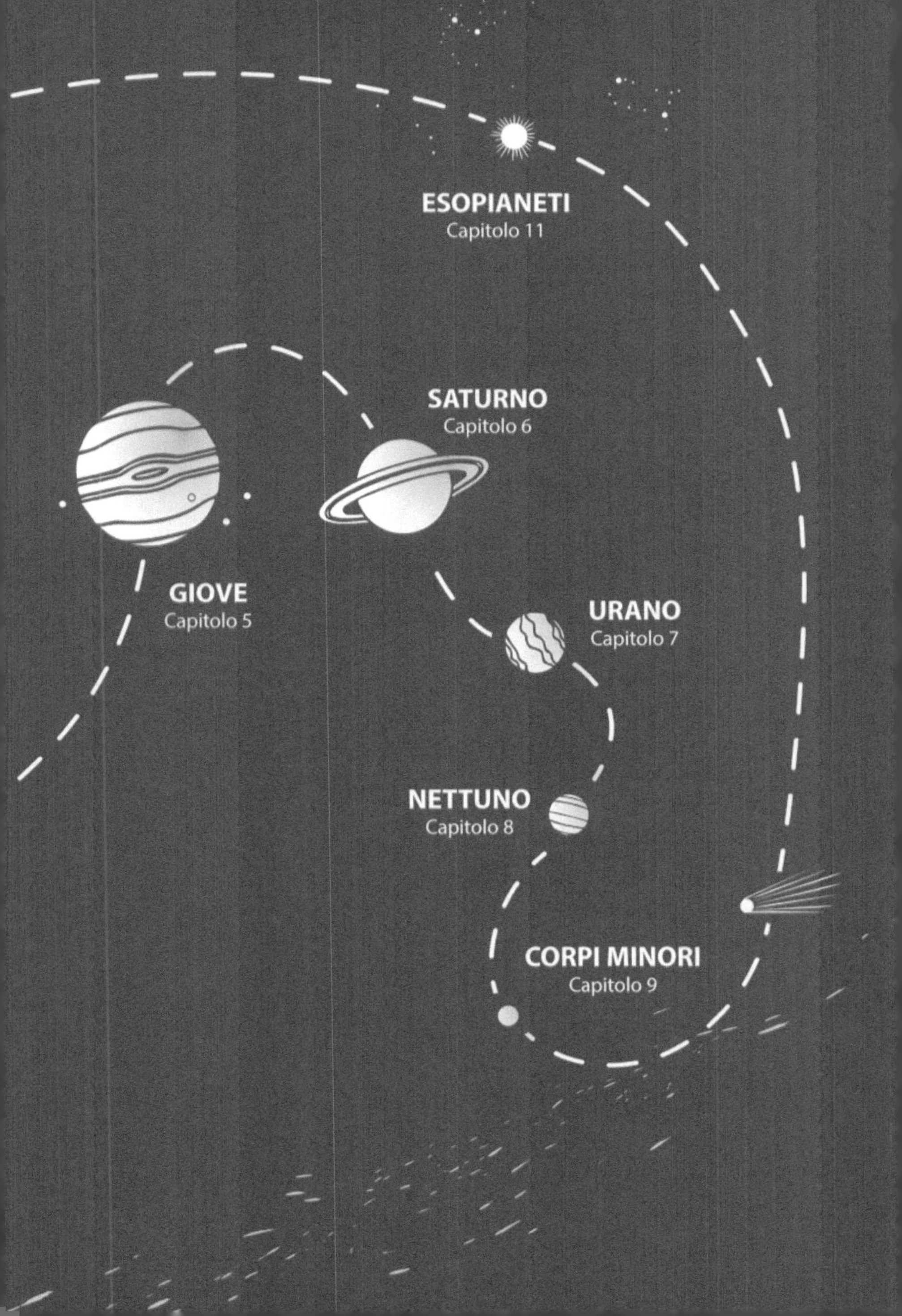
ESOPIANETI
Capitolo 11
SATURNO
Capitolo 6
GIOVE
Capitolo 5
URANO
Capitolo 7
NETTUNO
Capitolo 8
CORPI MINORI
Capitolo 9

SOMMARIO

INTRODUZIONE

IN PARTENZA

Prima di ogni viaggio ci preoccupiamo sempre di raccogliere informazioni sulla meta da raggiungere. Che sia una città d'arte, un parco naturale, o un qualunque altro luogo sul nostro pianeta, ricco di meraviglie e di sorprese, c'è sempre una moltitudine di cose che è necessario o che ci fa piacere sapere prima, per poter godere appieno dell'esperienza che stiamo progettando. I palazzi, le chiese, i musei da visitare, ma anche i mercati, i locali, i giardini, le piazze, i vicoli. Le piante, gli animali, i paesaggi. La storia, la cultura, le tradizioni. La cucina, la musica, l'arte. Insomma, tutte quelle cose che rendono un certo luogo speciale e per questo diverso da ogni altro. Guide e atlanti turistici riempiono interi scaffali delle nostre librerie, e talvolta ci capita di sfogliarne alcuni per scoprire nuove mete o di tornare sulle pagine di altri per riportare alla memoria luoghi già visitati.

Ancora poche sono invece le guide turistiche spaziali. Nonostante che ormai da tempo esistano agenzie di viaggi interplanetari e che diverse compagnie aerospaziali offrano voli verso mete anche oltre il nostro Sistema Solare, alcune anche a prezzi concorrenziali, l'astroturista è spesso abbandonato a se stesso nella creazione della propria vacanza nello spazio, con il rischio che, da occasione di esplorazione di mondi incredibili, possa diventare un motivo di frustrazione, se non addirittura di pericolo. Il fatto è che – per quanto adesso un viaggio interplanetario o anche interstellare sia, anche solo rispetto a un passato recente, estremamente sicuro per i passeggeri, con piloti di grande esperienza ed equipaggi appositamente addestrati, a bordo di astronavi con tutti i comfort tipici delle navi da crociera – non sapere con quali attrezzature scendere su un pianeta, quali traiettorie percorrere per arrivare a una determinata stella, o da quali "mostri del cielo" è opportuno tenersi alla larga può essere letteralmente letale.

Il turismo spaziale è ormai maturo e immaginiamo che nessuno voglia arrivare impreparato al proprio "battesimo del vuoto cosmico", che è ben più impressionante del "battesimo dell'aria", come possono facilmente confermare tutti coloro che l'hanno vissuto. Ecco dunque chiarito il motivo di questa guida. Che, a differenza di quegli atlanti – bellissimi, certo – in carta patinata, pesanti e di grande formato, ricchi di illustrazioni e schemi, non cerca di "impressionarvi" con spettacolari fotografie a colori di superfici planetarie, nebulose e galassie, ma vi fornisce le informazioni essenziali per sapere, pianeta per pianeta, astro per astro, che cosa andare a visitare, quali escursioni progettare, come organizzare al meglio la crociera sulla base del proprio desiderio di avventura.

Così, qui troverete quali sono le migliori mete per scalare le montagne o i vulcani più alti del Sistema Solare, quali quelle per pattinare sul ghiaccio, o per dedicarsi alle cure termali, o assistere a imponenti eruzioni vulcaniche, o fare un bagno in un oceano di metano liquido. E questo solo per limitarsi ad alcuni luoghi del nostro sistema planetario. Ma questa guida si spinge ben oltre, arrivando a esplorare la nostra Galassia, i diversi tipi di stelle che la popolano, i pianeti extrasolari più estremi, per uscire infine nello spazio intergalattico e visitare altre galassie, dalle più vicine, alle più distanti nell'Universo, in una vertigine estrema.

Se pensate di avere in mano una nuova "guida galattica per autostoppisti" vi sbagliate. Quello che avete appena iniziato a leggere non è un romanzo di fantascienza, come quelli della saga di Douglas Adams (1952-2001), ma non è nemmeno un libro tradizionale di astronomia, né vuole esserlo (basta sfogliare l'ordine dei capitoli!). È, piuttosto, un modo per raccontare qualcosa di questa splendida disciplina scientifica con l'occhio del turista curioso, sempre in cerca di nuove mete, con la voglia di stupirsi e meravigliarsi davanti alle meraviglie che il cosmo è capace di offrire. Se siete in cerca di emozioni forti, questo è sicuramente il libro che fa per voi.

Ora, non fraintendete: in queste pagine non troverete nessuna delle tre "s" – sesso, sangue, soldi – che, a detta del giornalista tedesco Axel Springer (1912-1985), erano i tre pilastri su cui si reggeva un tempo la carta stampata. Secondo lui, infatti, un quotidiano o un settimanale che si fosse prevalentemente occupato di scandali sessuali, di omicidi magari irrisolti e di modi per fare soldi rapidamente o sperperarli in facili acquisti ancora più rapidamente, sarebbe stato sempre destinato ad avere un successo sicuro. Qui le emozioni forti sono date da tutt'altri argomenti. L'importante è non soffrire di vertigini, non temere la solitudine e non avere troppa nostalgia di casa. Più facile a dirsi che a farsi, in effetti. Ma nessuno ha mai detto che anche solo andare sulla Luna sia una passeggiata. Figuriamoci visitare un qualche pianeta nano all'estrema periferia del Sistema Solare, o mettersi in orbita attorno al buco nero supermassiccio che si trova al centro della nostra Galassia, o arrivare addirittura al centro di un vuoto intergalattico (ma non vogliamo anticipare niente, ovviamente!).

Quindi, zaino in spalla, carta d'imbarco pronta, un saluto ai nostri cari che restano a terra e via di corsa, perché è stata appena fatta l'ultima chiamata per il vostro primo volo interstellare.

Non vorrete certo perdere il viaggio che sognate da una vita. In partenza, allora. La prima tappa è dietro l'angolo e noi vi stiamo già aspettando là con il brindisi di benvenuto. Buon viaggio e buon divertimento!

CAPITOLO 1

UNA PASSEGGIATA SULLA LUNA

La Luna è la tappa più vicina, ma non per questo la meno affascinante. Per gli astroturisti è anche l'unica che permette una vacanza relativamente economica (il maggior costo è quello del viaggio, che fra andata e ritorno dura circa una settimana, ma già si trovano operatori che offrono voli low cost, a patto di ridurre al minimo il bagaglio e accettare un posto in coda al razzo vettore). D'altra parte, chi non vorrebbe fare una bella passeggiata sulla superficie del nostro unico satellite naturale e replicare così le gesta dei dodici fortunati astronauti che fra il 1969 e il 1972 hanno potuto camminarci per davvero?

LUNA

SATELLITE

Distanza media dalla Terra: 384.400 km
Massa: 0,012 volte quella della Terra
Raggio medio: 1738 km
Gravità superficiale: 0,17 volte quella della Terra
Temperatura min/max: -233/123 °C
Durata di una rotazione (attorno al proprio asse): 27,32 giorni terrestri
Durata di una rivoluzione (attorno alla Terra): 27,32 giorni terrestri

MOONWALK

L'esperienza – per chi è nato e ha vissuto sulla Terra – è davvero esaltante. Con una gravità pari a un sesto di quella del nostro pianeta, ognuno di noi può fare salti in alto e salti in lungo da record, e senza alcun bisogno di particolare allenamento. Anzi, il rischio è piuttosto quello di saltare troppo in alto e di non saper atterrare bene. Quindi, prima di affrontare il viaggio, è preferibile allenarsi non tanto a saltare verso l'alto, quanto a cadere dall'alto (e ricordate che non ci sono morbidi materassi ad attendervi al termine della caduta). Perché, come cantava il gruppo The Police, formatosi a Londra alla fine degli anni Settanta dello scorso secolo, in una canzone intitolata proprio *Walking on the Moon*, "I hope my legs don't break, walking on the moon" (spero di non rompermi le gambe, camminando sulla Luna).

La "leggerezza" che si prova sulla Luna (dove una persona che sulla Terra pesa 90 chilogrammi si trova improvvisamente a potersi considerare un peso-piuma, arrivando appena a 15), fa provare una sensazione di ebbrezza che in molti, una volta messo piede sulla superficie del satellite, manifestano ballando, usando la coreografia resa celebre da Michael Jackson (1958-2009) nel 1983 con la canzone *Billie Jean*. Non a caso quei movimenti sono conosciuti con il nome di "moonwalk", cioè "camminata lunare" (per inciso, Michael Jackson intitolò *Moonwalk* la sua autobiografia ufficiale, pubblicata nel 1988)! Ora, il "moonwalk" è un passo di danza molto particolare, in cui si cammina all'indietro dando l'illusione di muoversi in avanti. Ma sulla Luna, se si cammina in avanti, ci si muove in avanti, come in qualunque altro posto dell'Universo. Pensate comunque che meraviglia cimentarsi nel "moonwalk" proprio sulla Luna!

LA TAPPA FONDAMENTALE

Attività sportive, ludiche o ricreative a parte, quali sono i luoghi che un turista spaziale deve assolutamente visitare sulla Luna? Ai cultori delle conquiste spaziali non deve assolutamente mancare un'escursione nella regione lunare che fu teatro dell'allunaggio della missione *Apollo 11*, la prima che nel luglio 1969 portò un equipaggio umano a calpestare un altro corpo celeste. Per trovare il sito esatto, all'angolo sud-occidentale di una pianura lavica denominata **Mare Tranquillitatis** (Mare della Tranquillità), basta impostare il "navigatore lunare" e muoversi verso le coordinate lunari 00°41'15"N, 23°26'00"E. Il luogo si chiama **Statio Tranquillitatis**: è infatti questo il nome ufficiale attribuito dall'Unione Astronomica Internazionale (IAU), versione latina dell'espressione "Tranquility Base" ideata da Neil Armstrong (1930-2012) e Buzz Aldrin (1930) e annunciata dal primo quando il modulo lunare *Eagle* toccò terra con la frase passata alla storia: "Houston, Tranquility Base here. The Eagle has landed". (Houston, qui Base della Tranquillità. L'*Aquila* è atterrata.) Qui non potrete fare a meno di un "selfie" con la bandiera statunitense piantata nell'occasione, sullo sfondo di un cielo nero come il petrolio, a causa della mancanza di atmosfera. Passeggiando per quelle aree, occorre naturalmente fare molta attenzione a non cancellare le impronte lasciate sulla regolite – lo strato di polvere fine che avvolge la superficie lunare – da Neil Armstrong e Buzz Aldrin, che saranno ancora lì, ben visibili, proprio perché né vento, né pioggia né qualunque altro agente atmosferico ha potuto eliminarle. Al termine della visita a Statio Tranquillitatis guardatevi attorno e pensate alla sensazione che deve aver provato Buzz Aldrin quando, alla vista del paesaggio lunare, esclamò: "Beautiful, beautiful! Magnificent desolation!" (Bellissimo, bellissimo! Magnifica desolazione!)

ALTRE ESCURSIONI SULLA FACCIA VISIBILE

Se invece del mare (si fa per dire, visto che i mari lunari non sono altro che enormi colate di lava basaltica) e dei luoghi culturali, amate la montagna e le escursioni naturalistiche, e soprattutto le arrampicate (già, perché, senza acqua non c'è neve, e senza neve non si scia!), potete invece fare rotta verso i **Montes Apenninus**, sì, esatto, gli Appennini (lunari, ovviamente: così chiamati in onore dei nostri Appennini, proprio quelli che solcano la penisola italica), la catena montuosa più estesa del nostro satellite. È qui che potete trovare le montagne più alte della Luna: una vera pacchia per tutti gli alpinisti, se pensate che a tirarsi su si fa anche molta meno fatica. E poi non c'è nemmeno il problema della mancanza di ossigeno… nel senso che non manca solo in alta quota, perché non c'è nemmeno alla base! Lungo i 600 chilometri di estensione della catena, c'è davvero l'imbarazzo della scelta per rocciatori, trekker e alpinisti, ma se vi volete davvero cimentare nell'impresa, il **Monte Huygens** è quello che fa per voi: 5500 metri di altezza da scalare dalla base fino alla vetta. La montagna è dedicata al matematico, fisico e astronomo olandese Christiaan Huygens (1629-1695), che, fra le altre cose, grazie a un telescopio rifrattore autocostruito, nel 1655, scoprì Titano, il satellite principale di Saturno.

Una volta scesi dagli Appennini, è il momento di fare visita a qualche bel cratere da impatto, di cui la Luna è estremamente ricca. Fra quelli più spettacolari, la vostra guida vi suggerisce il **cratere Copernicus**, uno dei più evidenti e facilmente riconoscibili anche quando è osservato dalla Terra, tanto che è sufficiente un piccolo binocolo per distinguerlo. Il cratere è dedicato all'astronomo e canonico polacco Niccolò Copernico (1473-1543), divenuto famoso nel Cinquecento per aver sostenuto con forza un modello di Universo che poneva il Sole al suo centro (modello eliocentrico) al posto del modello geocentrico, secondo cui era la Terra a doversi trovare al centro. Molto chiaro e luminoso, in forte contrasto con i mari da cui è circondato, ha un diametro di oltre 90 chilometri, una profondità di quasi 4 chilometri e si trova nella zona orientale dell'**Oceanus Procellarum** (Oceano delle Tempeste), il "mare" più esteso della Luna, ben 4 milioni di chilometri quadrati, tanto da meritarsi il titolo di oceano. Copernicus è un tipico cratere a raggiera: i detriti espulsi dall'impatto sono infatti disposti tutti attorno al bordo del cratere con una distribuzione a raggiera, appunto, come se fossero dei raggi che partono dal centro del cratere stesso. Il dislivello fra il bordo circolare del cratere e le regioni esterne è invece di "appena" un chilometro.

Se dopo aver visitato Copernicus, vi trovate ancora a vagare senza meta all'interno dell'Oceanus Procellarum, potreste valutare anche la possibilità di fare una leggera deviazione per raggiungere un altro cratere, **Aristarchus**, noto per essere la zona più brillante della superficie lunare. Il paesaggio è sicuramente meritevole di una tappa, ma controllate che il rover lunare che avete noleggiato abbia autonomia sufficiente per arrivarci. Questa regione ha un potere riflettente (gli astronomi usano il termine tecnico "albedo") molto maggiore – quasi il doppio – di quello delle altre regioni lunari ed è così evidente da essere visibile a occhio nudo dalla Terra. Con un diametro di circa 40 chilometri, è significativamente più piccolo di Copernico, ma è altrettanto profondo. È dedicato all'astronomo greco Aristarco di Samo, vissuto nel III secolo a.C., che per primo propose un modello eliocentrico del Sistema Solare.

VEDERE LA TERRA DALLA LUNA

L'osservazione dei moti lunari mostra che il suo periodo di rotazione è sincrono con il periodo di rivoluzione, che, detto in parole più semplici anche se meno rigorose, significa che la Luna compie un giro completo su se stessa nello stesso tempo in cui compie un'intera orbita attorno al nostro pianeta. Questo implica che la Luna mostra sempre lo stesso emisfero verso la Terra. Fin qui vi abbiamo suggerito di visitare luoghi che stanno proprio sulla faccia della Luna sempre rivolta verso la Terra, per cui, oltre allo spettacolo dei mari, dei monti e dei crateri, in cielo, sopra la vostra testa, vedrete sempre il nostro pianeta, parzialmente illuminato dalla luce solare, brillare di un bel colore azzurro. Infatti, come dalla Terra si vedono le fasi lunari, connesse alle reciproche posizioni assunte da Sole, Terra e Luna, dalla Luna si vedono naturalmente le fasi terrestri; quindi a meno che non vi troviate là durante la fase di "Terra piena", una parte più o meno estesa della superficie terrestre visibile dal nostro satellite sarà in ombra.

Fu proprio così, con la Terra parzialmente in ombra, che la videro per la prima volta gli astronauti dell'*Apollo 8*, la prima missione che, nel dicembre 1968, portò un equipaggio umano a circumnavigare la Luna, e trovarsi a quasi 400mila chilometri di distanza dalla Terra. L'emozione nel vedere il pianeta Terra, illuminato dal Sole, sorgere sopra l'orizzonte lunare in primo piano fu così grande che l'astronauta William Anders (1933) decise di immortalare la scena in una fotografia a colori che venne intitolata *Earthrise* (*Sorgere della Terra*). La vista degli oceani, della terraferma, delle nuvole da quella distanza lasciò il segno non solo nell'equipaggio della missione. Fu esattamente alla Vigilia di Natale del 1968, che l'uomo – inteso come umanità – prese finalmente coscienza dell'unicità e assieme della fragilità del proprio pianeta. E ciò avvenne proprio grazie a quell'immagine, splendida e spaventosa allo stesso tempo, con la brulla e grigia superficie della Luna in basso e la Terra proiettata contro un cielo nero, privo di stelle, come un'astronave lanciata nello spazio senza alcun riferimento, senza alcuna possibilità di orientarsi. Considerata una delle fotografie che hanno cambiato il mondo, lo stesso Anders in seguito la commentò con queste parole: "Abbiamo fatto tutta questa strada per esplorare la Luna, e la cosa più importante è che abbiamo scoperto la Terra".

AVVENTURE SULLA FACCIA NASCOSTA

L'emisfero visibile dalla Terra non esaurisce i luoghi meritevoli di essere visitati quando ci si trova sulla Luna. Naturalmente, decidere di fare una o più escursioni nell'emisfero che da Terra ci è perennemente nascosto implica avere un bel senso dell'avventura (e un budget di spesa significativamente più alto). Il problema principale della **faccia nascosta della Luna** è quello delle comunicazioni con il nostro pianeta. Non essendo a vista, occorre avere a disposizione un ponte radio con cui fare sponda, come, per esempio, un satellite in orbita lunare che dalla quota in cui si trova possa vedere contemporaneamente noi e la Terra.

Una volta risolta la questione – avere un ponte satellitare è consigliato anche per le sole chiamate di emergenza, ma, nonostante le raccomandazioni delle agenzie di viaggio interplanetario, c'è sempre qualche amante del rischio che si avventura in solitaria e senza ponti radio a disposizione – è assolutamente da non perdere la visita del punto più alto della superficie lunare, denominato **Selenean summit** (vetta selenea). A una quota di 10.786 metri sopra la superficie media lunare, supera di quasi il 20 per cento la vetta più alta della Terra, il monte Everest, che si ferma ad "appena" 8848 metri sopra il livello del mare. Ma, a differenza del già citato Monte Huygens, che ha l'aspetto di una montagna vera e propria, la vetta selenea ha pendici molto dolci, con pendenze massime di 3° rispetto ai monti circostanti, per cui è molto più semplice da scalare!

Un aspetto curioso della faccia nascosta della Luna, che però la rende molto difficile da esplorare se non si hanno mezzi in grado di muoversi su terreni molto accidentati, è la quasi totale assenza di "maria" (è il plurale latino di "mare" e si legge "mària", non "marìa") e la presenza di crateri di ogni dimensione, compreso il gigantesco **cratere meteoritico Apollo** – dedicato al Programma *Apollo* della NASA, l'agenzia spaziale statunitense – con un diametro di 537 chilometri. Questo tuttavia appare piccolo se confrontato con il più grande cratere da impatto della Luna: il **bacino Polo Sud-Aitken**, con l'incredibile diametro di circa 2500 chilometri. Immaginate che "botta" deve aver preso la Luna per ritrovarsi una cicatrice del genere! Pensate che questo cratere è fra i più grandi di tutto il Sistema Solare. Deve il suo nome al fatto che si trova in prossimità del polo sud lunare e ha il cratere Aitken – intitolato all'astronomo statunitense Robert Grant Aitken (1864-1951), probabilmente più celebre per aver dato il nome al cratere che per la sua carriera professionale – a delimitarlo all'estremità settentrionale. Il bacino si estende quasi interamente nell'emisfero non osservabile dalla Terra, a eccezione del suo margine meridionale, che quindi è osservabile al telescopio sul bordo del disco lunare in prossimità del polo sud del nostro satellite.

Ci sono due motivi che rendono il bacino Polo Sud-Aitken molto interessante da visitare, sia per l'escursionista della domenica che per l'esperto rocciatore: il primo è che al suo interno si trovano le più basse altitudini lunari e, in particolare, la maggiore depressione, che arriva a 6 chilometri sotto il livello medio della superficie; il secondo è che in alcune aree perennemente in ombra intorno al polo sud si trovano depositi di ghiaccio d'acqua, forse portato là da qualche cometa che ha incrociato la Luna lungo la propria orbita. E visitare un ghiacciaio lunare non è certamente da tutti!

TINTARELLA DI TERRA

A causa della mancanza di impianti di illuminazione permanenti, è opportuno visitare questi luoghi durante il giorno lunare. Per scegliere il momento migliore occorre fare bene i conti, perché, su qualunque punto della superficie lunare il Sole sta sopra l'orizzonte per circa 2 settimane, mentre per le 2 successive il buio e il freddo regnano sovrani. Ma se vi trovate nell'emisfero visibile dalla Terra e la notte è illuminata dalla "Terra piena" allora non ci sono comunque problemi: visto dalla Luna, il nostro pianeta completamente illuminato dal Sole è oltre 30 volte più brillante della Luna piena, per cui la "tintarella di Terra" è assicurata. Immaginate che spettacolo deve essere il paesaggio lunare illuminato dalla luce azzurrognola proveniente dal nostro pianeta! Durante la fase di "Terra nuova" – quindi con la Terra posta fra il Sole e la Luna – potreste anche avere la fortuna di assistere a un'eclissi totale di Sole vista dalla Luna: naturalmente in quel momento vi troverete nell'ombra della Terra… perché, visto dal nostro pianeta, il fenomeno apparirà come un'eclissi di Luna.

THE DARK SIDE OF THE MOON

Un'ultima raccomandazione: prima di affrontare l'esperienza della faccia nascosta – sicuramente dal forte impatto emotivo, perché per la prima volta nella vostra vita vi troverete a non vedere il nostro pianeta e sentirete una sensazione di profonda solitudine – ricordate di portare con voi la giusta colonna sonora per farvi compagnia, a partire dall'album interamente dedicato a questo emisfero: *The Dark Side of the Moon* dei Pink Floyd. È in questo disco, in particolare nella dissolvenza dell'ultimo brano, intitolato *Eclipse*, che si ha la spiegazione sul significato dell'espressione "lato oscuro della Luna". A darcela non è un componente del celebre gruppo britannico, ma Gerry O'Driscoll, il portiere irlandese del palazzo che ospitava gli Abbey Road Studios, gli studi di registrazione resi famosi dai Beatles, la cui voce, immersa nel battito cardiaco che chiude (e apre) il disco, pronuncia le seguenti parole: "There is no dark side of the Moon, really. Matter of fact, it's all dark. The only thing that makes it look alight is the Sun" (In realtà non c'è nessun lato oscuro della Luna. Di fatto è tutta scura. L'unica cosa che la fa sembrare luminosa è il Sole). In effetti, quello che talvolta – erroneamente – è chiamato "lato oscuro" della Luna, è semplicemente il lato nascosto alla nostra vista... ma non per questo è al buio: quando dalla Terra non vediamo la Luna perché è nella fase di novilunio, il lato nascosto è in piena luce, completamente illuminato dal Sole, ed è quindi tutt'altro che oscuro. Ve ne accorgerete alla prima orbita attorno al satellite, prima che il vostro astrobus inizi le procedure di allunaggio.

Buon divertimento, allora, e attenti a non diventare lunatici!

CAPITOLO 2

LIFE ON MARS?

Ogni momento è buono per una vacanza sulla Luna. Basta prendere il primo astrobus in partenza dalla Terra e in pochi giorni si arriva. La stessa cosa non si può certo dire per Marte. Mentre la Luna, infatti, non si allontana mai troppo da noi, visto che ci orbita attorno, il "pianeta rosso" può trovarsi a distanze tali da rendere il viaggio molto costoso e anche più pericoloso. Le agenzie di astroturismo conoscono bene il problema e per questo le offerte di "crociere marziane" capitano ogni 2 anni o poco più (circa 2 anni e 2 mesi, per essere un po' più precisi), quando i moti orbitali combinati della Terra e di Marte portano il pianeta rosso a trovarsi nella posizione dell'orbita più favorevole rispetto alla Terra: in opposizione al Sole.

MARTE

PIANETA

Massa: 0,11 volte quella della Terra
Raggio medio: 3390 km
Temperatura min/max: -87/-5 °C
Durata del giorno: 1,03 giorni terrestri
Durata dell'anno: 1,88 anni terrestri
Numero di satelliti: 2
Sistema di anelli planetario: no

STARE ALL'OPPOSIZIONE

A differenza dei politici, per i quali l'opposizione è sempre fastidiosa (per chi sta al governo) o molto impegnativa (per chi deve farla), per gli astronomi – e per gli astroturisti – l'opposizione è la posizione in cielo di un pianeta quando è esattamente opposto al Sole rispetto al nostro pianeta. In questa particolare configurazione il Sole, la Terra e il pianeta sono praticamente allineati, offrendoci due vantaggi fondamentali: il pianeta, visto dalla Terra, è completamente illuminato dal Sole e, soprattutto, si trova alla minima distanza da noi. Affrontare il viaggio verso Marte quando il pianeta si trova in opposizione permette quindi di evitare diverse decine di milioni di chilometri di tragitto in più e, di conseguenza, di risparmiare sul volo. Anche se, ovviamente, la maggior richiesta di viaggi verso Marte proprio in prossimità dell'opposizione del pianeta fa sì che questo periodo sia considerato come "altissima stagione", indipendentemente dalla stagione terrestre o dalla stagione marziana in cui cade.

NON C'È MAI STATA LA MEZZA STAGIONE

Già, perché anche Marte, come la Terra, ha le sue stagioni. La causa, naturalmente, è la stessa: l'inclinazione dell'asse di rotazione del pianeta rispetto al suo piano orbitale (fra l'altro i due valori sono molto vicini). E si fanno anche sentire e vedere, anche a chi le osserva da Terra al telescopio: è sufficiente guardare le due macchie bianchissime visibili ai poli del pianeta, molto più brillanti rispetto al resto della superficie, rossa e più scura (perché riflette meno la luce solare).

Sì, avete capito: sono le calotte polari di Marte, che, come quelle terrestri, avanzano o si ritraggono a seconda delle stagioni. Portano i nomi di **Planum Boreum**, quella settentrionale, e di **Planum Australe**, quella meridionale. Ma attenzione: a differenza di quelle terrestri, le calotte marziane sono costituite da ghiaccio d'acqua, ma sono totalmente coperte da "ghiaccio secco", ovvero da anidride carbonica solida che al calore del Sole non si scioglie in liquido, ma passa direttamente allo stato gassoso (da cui l'attributo di secco, perché non bagna; i fisici chiamano questo processo sublimazione): proprietà che la rende utile anche nella conservazione dei gelati che tenuti in fresco con l'ordinario ghiaccio d'acqua verrebbero inesorabilmente "annegati" dal suo scioglimento. Il ghiaccio d'acqua c'è, quindi, mischiato con vari strati di sabbia depositata nel tempo dai venti marziani, ma durante l'inverno marziano si trova coperto da uno spesso strato di "ghiaccio secco".

TEMPESTE DI SABBIA

Quando arriva l'estate in uno dei due emisferi, il ghiaccio secco della calotta polare esposta al Sole sublima, lasciando scoperti gli strati superficiali di ghiaccio d'acqua. L'effetto, visibile anche dalla Terra, è una sensibile riduzione dell'estensione della calotta stessa. Ma l'effetto della sublimazione del ghiaccio secco è anche una grande immissione di anidride carbonica nella tenue atmosfera marziana.

Questi mutamenti stagionali alterano periodicamente e in maniera significativa il clima marziano. In particolare, il forte rilascio di anidride carbonica – specialmente da parte della calotta polare sud, più estesa – condiziona in maniera sensibile la circolazione atmosferica del pianeta e l'intensità dei venti prevalenti. Uno degli effetti di questi sconvolgimenti atmosferici sono le grandi tempeste di sabbia che si osservano periodicamente sul pianeta rosso – in particolar modo proprio in coincidenza della primavera e dell'estate nell'emisfero meridionale – alcune talmente intense e devastanti da coinvolgere l'intera superficie planetaria e durare alcune settimane.

Quindi, se è vero che all'arrivo della primavera marziana le temperature si alzano e il clima diventa più caldo, è anche vero che bisogna scegliere con attenzione il periodo in cui avventurarsi nei deserti marziani, perché il rischio di rimanere bloccati per giorni da una tempesta di sabbia è molto alto. Il clima resta comunque sempre decisamente freddo: per esempio, la temperatura al suolo misurata dalle sonde *Viking* variava da circa -30 °C intorno alla culminazione del Sole (il mezzogiorno marziano) fino a -86 °C prima dell'alba.

UN'ATMOSFERA TRASPARENTE

Se, nonostante queste premesse, siete comunque decisi a intraprendere il viaggio verso Marte, è bene che sappiate anche che atmosfera ci troverete (nel senso dei gas e vapori che lo avvolgono!). I tenui strati atmosferici sono principalmente composti da anidride carbonica (al 95 per cento), il resto è prevalentemente azoto, con una percentuale bassissima di vapore acqueo, ma la pressione al suolo è nettamente minore di quella terrestre. Può capitare che si formino delle nubi, ma in generale l'atmosfera è trasparente a meno che non siano in corso le già citate e temibili tempeste di sabbia, sollevate dalla superficie del pianeta, che è quasi completamente ricoperta di minerali rossastri – da cui deriva il colore di Marte e, di conseguenza, anche del suo cielo. Le zone più scure invece sono tali perché semplicemente riflettono meno la luce solare: da queste regioni il materiale rossiccio è stato portato via dai venti, lasciando così esposta la superficie sottostante meno riflettente. Tra l'altro, proprio grazie alla trasparenza dell'atmosfera marziana è stato possibile studiare la superficie del pianeta anche con i telescopi da Terra. Tutt'altra situazione rispetto a Venere, la cui densa atmosfera ci toglie totalmente alla vista le sue caratteristiche superficiali.

ACQUA MARZIANA

Dunque, siete appena arrivati alla base *Mars-1* – l'unica al momento in grado di accogliere voli interplanetari – dopo un viaggio di alcuni mesi e un periodo di quarantena in orbita (fondamentale per non portare su Marte malattie infettive) e sicuramente non vorrete perdere tempo. Un passaggio in albergo a posare i bagagli e poi via, di corsa a noleggiare un rover marziano – preferibilmente con guida del luogo, perché su Marte è davvero facile perdersi – per iniziare il tour che avete sempre sognato, con i due obiettivi che ogni esploratore del pianeta ha in testa quando arriva su Marte: trovare acqua liquida e, soprattutto, trovare qualche forma di vita, in superficie o nel sottosuolo.

In effetti, Marte ha da lungo tempo sollecitato (e solleticato) la fantasia degli uomini, e non solo per la sua vicinanza, ma soprattutto per le sue somiglianze (vere o presunte) con il nostro pianeta. Delle stagioni abbiamo detto, ma c'è dell'altro: l'anno marziano dura circa 2 anni terrestri, il giorno marziano – chiamato "sol" – è di poco più lungo del nostro (appena mezz'ora in più), il suo diametro è la metà di quello terrestre e, con ogni probabilità, in un tempo non molto lontano, la superficie marziana è stata solcata da torrenti e fiumi di acqua. Quell'acqua che tutte le esplorazioni marziane fatte sinora hanno assiduamente cercato nel sottosuolo marziano assieme a qualche segno di vita, anche se fossile. Al giorno d'oggi, chi arriva su Marte si comporta esattamente come i cercatori d'oro nel Far West. Solo che qui, al posto dell'oro o di qualche altro metallo prezioso (che pure si troveranno sul pianeta, se qualcuno volesse cercarli!), si cerca una delle molecole più comuni dell'Universo, la molecola d'acqua, sperando di trovarla associata a materiale biologico.

MA I MARZIANI SONO BUONI O CATTIVI?

In effetti molti astroturisti arrivano su Marte solo con l'idea di arrivare per primi a rispondere alla domanda che si poneva David Bowie (1947-2016) nel 1971 nella canzone *Life on Mars*, quando si chiedeva se ci fosse vita sul pianeta rosso. Ma, almeno per il momento, se ne sono tutti tornati sulla Terra con la coda fra le gambe. Sembra proprio che i marziani non esistano, o, almeno, non così come sono stati immaginati da tanta fantascienza, a partire dallo "scherzo" radiofonico – in realtà un semplice radiodramma, ma gli ascoltatori lo presero sin troppo sul serio – giocato dal giovane attore e regista statunitense Orson Welles (1915-1985) il 30 ottobre 1938 grazie alla sceneggiatura tratta dal libro di H.G. Wells (1866-1946) *Guerra dei mondi*, pubblicato nel 1898.

Nonostante l'incredibile messe di libri e film dedicati ai fantomatici abitanti nativi del pianeta rosso, non corriamo alcun rischio di invasioni aliene da parte di marziani colonizzatori, per fortuna, anche se gli scienziati non escludono che su Marte la vita possa veramente essersi sviluppata in superficie per poi scomparire (ipotesi pessimistica) o ritirarsi nel sottosuolo (ipotesi ottimistica) al variare delle condizioni ambientali del pianeta. Alcuni forti indizi esistono, in effetti, ma nessun ricercatore ha ancora portato alcuna prova certa e inconfutabile a supporto.

"CANALS" O "CHANNELS"?

E pensare che fu proprio un astronomo italiano, Giovanni Virginio Schiaparelli (1835-1910), con le sue osservazioni telescopiche di Marte, iniziate nella seconda metà dell'Ottocento dall'Osservatorio di Brera, a dare per primo il via ai voli di fantasia sull'esistenza di ipotetici abitanti marziani. Nei suoi disegni – all'epoca non esisteva ancora la fotografia astronomica – Schiaparelli aveva tratteggiato delle lunghe strutture rettilinee che collegavano fra loro diverse parti sulla superficie del pianeta, annotando semplicemente che si trattava di "canali marziani".

Per la verità, l'astronomo italiano non si era avventurato in affermazioni non documentabili, come quella che i canali potessero essere artificiali. Purtroppo per lui, però, nella traduzione inglese di quelle note il termine "canali" diventò "canals", lasciando implicitamente intendere che fossero artificiali e non naturali (i canali naturali si chiamano "channels"). Fu proprio questo errore di traduzione a portare l'astronomo statunitense Percival Lowell (1855-1916) a credere che Marte fosse percorso da acqua liquida e popolato da esperti in ingegneria idraulica, in grado di costruire una fittissima rete di canali artificiali che doveva servire agli abitanti non solo per spostarsi rapidamente da un punto all'altro del pianeta, ma anche a irrigarne le zone desertiche, esattamente come accade in certe regioni della Terra, portando acqua dalle regioni polari a quelle aride, e alimentando gli acquedotti di eventuali centri abitati.

Lowell era così convinto dell'ipotesi della civiltà aliena da non rendersi conto, con le sue osservazioni, condotte dal suo Lowell Observatory di Flagstaff, in Arizona, con telescopi più potenti di quello impiegato da Schiaparelli, che i canali disegnati dall'astronomo italiano erano una semplice illusione ottica, come venne dimostrato da osservazioni successive. Ma si sa, l'occhio spesso vede quello che vuol vedere, e Lowell fu vittima delle sue stesse convinzioni. Adesso sappiamo per certo che i "canali" artificiali non esistono, ma gli astronomi non sono ancora in grado di capire se la superficie marziana sia stata un giorno, nella sua storia antica o recente, ricca di acqua e quindi percorsa da fiumi e bagnata da laghi o mari. Fatto sta che adesso la superficie del pianeta rosso è arida, ma la caccia all'acqua liquida non è ancora terminata.

CHE COSA VEDERE SU MARTE

Comunque Schiaparelli qualcosa di buono ha fatto. Durante l'opposizione marziana del 1877, oltre ai famigerati "canali", scorse sulla superficie del pianeta un bagliore bianco brillante a cui volle dare il nome di **Nix Olympica** (Neve dell'Olimpo).

Noi adesso sappiamo che non poteva essere neve, ma, più probabilmente, il già citato "ghiaccio secco", ovvero anidride carbonica solida: ma quella vetta – seppure non innevata – è la cima della montagna più alta ed estesa di tutto il Sistema Solare: **Olympus Mons**, il Monte Olimpo (così chiamato in onore del monte greco considerato nell'antichità la casa degli dèi), con quasi 22 chilometri di altezza rispetto al livello topografico di riferimento e una struttura a scudo di oltre 600 chilometri di diametro.

Olympus Mons è un vulcano non più attivo dai numeri pazzeschi: rispetto alle pianure che si trovano a nord a 1000 chilometri di distanza si erge in altezza di ben 26 chilometri. Le caldere sommitali sono larghe 60 per 80 chilometri e arrivano a oltre 3 chilometri di profondità, mentre la scarpata attorno al margine è alta fino a 8 chilometri. Insomma, se volete vedere Marte dall'alto, non c'è miglior luogo di questo. Fra l'altro, con una gravità di poco superiore a un terzo di quella terrestre, si fa molto meno fatica a scalare, senza tenere conto che le pareti del vulcano non sono per niente ripide (la pendenza massima è di 5°) e quindi non richiedono particolari doti da arrampicatore.

Durante le sue osservazioni, Schiaparelli battezzò anche molte altre regioni marziane, individuate come aree scure o regioni brillanti. I suoi nomi sono ancora in uso, anche se i confini e le forme delle regioni descritte da Schiaparelli sono stati modificati in seguito ai dati raccolti dalle numerose sonde spaziali che hanno visitato il pianeta rosso prima che nascesse l'astroturismo di massa. Dopo aver visitato l'Olimpo, merita scendere a valle per un'esplorazione della formazione più evidente di Marte: **Syrtis Major Planum**, una regione scura a forma di "V", così chiamata per la sua vaga somiglianza con il Golfo della Sirte, sulle coste della Libia. Per lungo tempo si è pensato che fosse una pianura in depressione, e per questo motivo era nota come Syrtis Major Planitia, ma oggi sappiamo che si tratta di un grande altopiano, costituito da un vulcano a scudo a bassorilievo. Il colore scuro proviene dalla roccia vulcanica basaltica della regione e dalla relativa mancanza di polvere. Grazie alla già citata trasparenza dell'atmosfera marziana, questa è stata la prima caratteristica superficiale documentata di un altro pianeta: è infatti presente in un disegno dell'astronomo olandese Christiaan Huygens datato 1659. Fra l'altro, lo stesso Huygens fece ripetute osservazioni di questa "macchia" proprio con lo scopo di stimare la durata del giorno marziano.

Più a nord si trova una vasta pianura a forma di cuneo denominata **Acidalia Planitia**. Per quanto non abbia apparentemente nessuna caratteristica di rilievo, è qui che lo scrittore Andy Weir (1972), nel suo romanzo *L'uomo di Marte*, decise di far "ammartare" la missione *Ares 3*, in cui l'astronauta protagonista viene creduto morto a causa di una tempesta di sabbia e quindi abbandonato alla sua sorte. Da questo romanzo è stato tratto il film *Sopravvissuto – The Martian*, che fa capire bene i pericoli che si corrono se si è colti da una tempesta su Marte.

Fra le zone brillanti più spettacolari troviamo l'imperdibile **Hellas Planitia**, una regione approssimativamente circolare che si trova a sud di Syrtis Major, nell'emisfero meridionale del pianeta. Un tempo si pensava che fosse un altopiano ricoperto di neve, ma poi si è scoperto che in realtà si tratta di un enorme bacino da impatto, profondo oltre 7000 metri, spesso sovrastato da nubi, esteso per circa 2300 chilometri da est a ovest. Con queste caratteristiche, Hellas è uno dei crateri da impatto più estesi del Sistema Solare.

Se però volete stupirvi con il bacino da impatto più grande del nostro sistema planetario, dovete dirigervi verso **Utopia Planitia**, una grande pianura con un diametro stimato di 3300 chilometri. Fra l'altro la regione è meta ambita perché è qui che nel settembre 1976 atterrò il lander della missione *Viking 2*, che, assieme alla gemella *Viking 1* (che atterrò nel luglio 1976 su **Chryse Planitia**), furono le prime a posarsi dolcemente sul pianeta rosso, con lo scopo dichiarato di cercare eventuali forme di vita. A proposito, non abbiamo ancora detto perché Marte è rosso. La risposta è più facile di quanto pensiate: è rosso perché è "arrugginito"! A conferirgli questo colore sono infatti gli ossidi di ferro – la ruggine, appunto – presenti nelle rocce marziane.

I bacini da impatto vi hanno un po' annoiato? Volete tornare a vedere paesaggi davvero unici? Marte è sicuramente il pianeta che fa per voi. Ne volete la prova? Allora chiedete alla vostra guida di portarvi nella regione **Tharsis**, un vasto altopiano vulcanico che ospita i più grandi vulcani a scudo del Sistema Solare (Olympus Mons si trova lontano dal margine occidentale dell'altopiano). È qui che vi troverete ad ammirare tre maestosi vulcani allineati, uno accanto all'altro: Arsia Mons, Pavonis Mons e Ascraeus Mons, collettivamente chiamati **Tharsis Montes**.

Se poi siete stanchi di pianure, bacini da impatto, vulcani, è finalmente arrivato il momento dei canyon. Ormai vi sarete abituati all'idea che Marte, per quanto piccolo e vicino, è un pianeta da record da diversi punti di vista. E anche sui canyon batte tutti. Se dalla regione di Tharsis vi muovete verso est, troverete presto un ampio sistema di canyon lungo oltre 3000 chilometri, che si estende in larghezza per 600 chilometri e che scava in profondità fino a 8 chilometri: sono le **Valles Marineris**, al cui confronto il Grand Canyon del Colorado, in Arizona, negli Stati Uniti – lungo 800 chilometri, largo 30 chilometri e profondo "appena" 1,8 chilometri – non può che impallidire.

L'origine di questo vasto sistema di valli, dedicato alla sonda spaziale *Mariner 9* che per prima, nel 1971, entrò in orbita attorno al pianeta e scoprì questa struttura, è ancora un mistero, anche se l'ipotesi più accreditata la vede come un'enorme crepa nella crosta marziana, formatasi miliardi di anni fa mentre il pianeta si stava raffreddando.

GLI ASTRONOMI DI LAPUTA

Se, passeggiando su Marte, vi viene voglia di guardare verso l'alto, ogni tanto scoprirete passare sopra la vostra testa due grandi sassi: sono **Phobos** e **Deimos**, i due satelliti del pianeta. Entrambi sono probabilmente asteroidi catturati, piuttosto che autentici satelliti, e sono comunque condannati a schiantarsi in futuro sulla superficie del pianeta attorno a cui orbitano.

La loro vera natura di grosse rocce irregolari bombardate da meteoriti venne confermata solo nel 1971, proprio grazie ad alcune fotografie scattate dalla sonda *Mariner 9*, ma la loro scoperta risale alla celebre opposizione del 1877. A individuarli fu l'astronomo statunitense Asaph Hall (1829-1907), grazie all'uso di quello che all'epoca era il telescopio rifrattore più grande del mondo – con un obiettivo a lenti di 66 centimetri di diametro – in dotazione allo United States Naval Observatory di Washington, DC.

Resta quindi un mistero il fatto che lo scrittore inglese Jonathan Swift (1667-1745), autore dei *Viaggi di Gulliver*, narrasse nel 1726, ovvero un secolo e mezzo prima della loro scoperta, che gli astronomi di Laputa, l'isola volante degli scienziati pazzi, "hanno inoltre scoperto due astri minori, due satelliti, in orbita attorno a Marte".

A meno che un marziano non gli abbia fatto visita.

CAPITOLO 3

MERCURIO, IL MONDO DI GHIACCIO E DI FUOCO

Chissà se George Raymond Richard Martin (1948), quando ha chiamato la sua saga *A Song of Ice and Fire* (*Cronache del ghiaccio e del fuoco*), ha pensato almeno per un momento a Mercurio.

MERCURIO

PIANETA

Massa: 0,06 volte quella della Terra
Raggio medio: 2440 km
Temperatura min/max: -173/427 °C
Durata giorno: 58,65 giorni terrestri
Durata dell'anno: 87,97 giorni terrestri
Numero di satelliti: 0
Sistema di anelli planetario: no

Già, perché il pianeta più interno del Sistema Solare gode di un'invidiabile – si fa per dire! – proprietà, quella di avere, rispetto a tutti gli altri pianeti, la massima escursione termica fra l'emisfero diurno, rivolto verso il vicino Sole, e quello notturno. Sul primo, infatti, si raggiungono temperature pari a 700 kelvin (oltre 400 °C), mentre nel secondo si può arrivare a toccare gli 80 kelvin (circa -200 °C). Niente a che vedere con le poche decine di gradi di escursione diurna che si registrano nelle zone desertiche del pianeta Terra.

UN POSTO AL SOLE

Se siete fra quelli che non rinuncerebbero per niente al mondo a un lettino o una sdraio per prendere il sole, beh, Mercurio è proprio il pianeta che fa per voi. In effetti, esclusi gli "astrobus solari"

– capaci di avvicinarsi al Sole garantendo tutte le protezioni possibili per l'equipaggio e i passeggeri, ma estremamente costosi e fuori budget per la maggioranza degli astroturisti – il pianeta è il luogo più vicino al Sole su cui si possano poggiare i nostri piedi. Ma se non volete abbrustolirvi sotto il sole cocente del giorno mercuriano – che da qui, quando il pianeta si trova alla sua minima distanza dalla stella, arriva ad apparire tre volte più grande e undici volte più luminoso di come lo vediamo dalla Terra – dovrete ricordarvi di mettere in valigia una crema protettiva speciale, con un fattore di protezione solare (il cosiddetto "sun protection factor") elevatissimo, capace di assorbire non solo la radiazione ultravioletta, ma anche – e soprattutto – quella X e gamma proveniente dalla nostra stella (l'esposizione ai raggi X e raggi gamma solari non provoca semplici ustioni, porta direttamente e rapidamente alla morte). Il problema di Mercurio, infatti, è la totale mancanza di un'atmosfera, e quindi la radiazione solare arriva diretta alla superficie del pianeta senza alcun filtro, come invece avviene per nostra fortuna sulla Terra: per questo motivo vedrete il disco solare proiettato contro un cielo nerissimo e pieno di stelle, sempre che non restiate abbagliati o addirittura accecati al primo sguardo verso la nostra stella (da cui si capisce che è raccomandabile avere con sé anche un bel paio di occhiali da sole). L'eventuale atmosfera avrebbe anche la funzione di mitigatore del clima, distribuendo in maniera più equa il calore assorbito dal pianeta: ecco il motivo delle escursioni termiche da record misurate su Mercurio.

UN PIANETA SFUGGENTE

Visibile a occhio nudo e quindi conosciuto sin dall'antichità – le prime testimonianze risalgono al XIV secolo a.C., da parte degli Assiri – il pianeta più vicino al Sole, percorrendo un'orbita interna a quella del nostro pianeta, non si discosta mai troppo dalla stella, così che è possibile scorgerlo solo come un tenue puntino luminoso immerso nelle luci dell'alba o del tramonto. La sua massima elongazione, cioè la massima distanza angolare dal Sole, vista dalla Terra, è inferiore a 30°. Nonostante le difficoltà a scorgerlo, in quanto sempre immerso nel chiarore dell'alba o del tramonto, gli astronomi antichi si erano comunque accorti del fatto che era un pianeta perché si muoveva molto velocemente rispetto al Sole e alle stelle. Tuttavia furono necessari mille anni prima che qualcuno – forse Pitagora (circa 570 a.C. - circa 495 a.C.), o al più tardi gli astronomi greci del IV secolo a.C. – si rendesse conto che l'astro del mattino e l'astro della sera erano in realtà lo stesso oggetto.

Lo stesso fenomeno si osserva anche per il pianeta Venere, che nella cultura romana, a seconda delle apparizioni mattutine o serali, veniva rispettivamente chiamata Lucifero, quando si vede brillare a est prima dell'alba, e Vespero, quando invece si vede brillare a ovest dopo il tramonto.

Proprio a causa delle difficoltà di osservazione, Mercurio è stato per lungo tempo un pianeta poco studiato. Il primo a tentare di mappare la sua superficie fu, verso la fine del XIX secolo, Giovanni Virginio Schiaparelli (sì, proprio lui, lo stesso dei "canali" di Marte). L'astronomo italiano fu anche il primo a ipotizzare che il periodo di rotazione di Mercurio fosse uguale al suo periodo di rivoluzione, di poco inferiore a 88 giorni terrestri.

L'opera di mappatura delle caratteristiche superficiali del pianeta venne poi proseguita e ampliata dall'astronomo greco Eugène Michel Antoniadi (1870-1944; un altro che, per inciso, inizialmente sostenne l'ipotesi dei "canali" di Marte), che nel 1934 pubblicò le prime mappe dettagliate della sua superficie.

Tuttavia, conoscenze più approfondite sulla morfologia e sulla struttura interna del pianeta si sono ottenute solo nella seconda metà del secolo scorso, prima con le osservazioni da Terra, poi, soprattutto, con le missioni spaziali.

LA RISONANZA SPIN-ORBITA

A differenza di quanto aveva inizialmente ipotizzato Schiaparelli, noi adesso sappiamo che il periodo di rotazione di Mercurio non è sincrono con quello di rivoluzione (rapporto 1:1), ma i due stanno in rapporto 3:2. In parole semplici significa che il pianeta ruota su se stesso tre volte ogni due orbite attorno al Sole. Questo fenomeno, secondo cui il rapporto fra il periodo di rotazione e il periodo di rivoluzione è esprimibile come una frazione fra numeri interi piccoli, ha il nome tecnico di "risonanza spin-orbita" (con il termine inglese "spin" ci si riferisce alla rotazione di un pianeta attorno a un proprio asse). In particolare, quindi, quella di Mercurio è una "risonanza 3:2".

Il primo a suggerire questo tipo di soluzione, basandosi sulle osservazioni radio condotte nei primi anni Sessanta sia dagli astronomi sovietici che da quelli statunitensi, fu l'italiano Giuseppe "Bepi" Colombo (1920-1984), matematico, fisico, astronomo e ingegnere padovano. Lo stupore di gran parte della comunità astronomica, convinta che la risonanza 1:1 (sincronia fra i due moti, appunto, come si osserva per la nostra Luna) fosse quella più probabile, fu grande, ma Colombo aveva ragione.

C'è da sapere che risonanze orbitali fra più corpi – per esempio fra alcuni satelliti di Giove – o fra rotazione e rivoluzione di uno stesso corpo – come appunto accade per Luna e Mercurio – non sono rare nel Sistema Solare.

Se vi state domandando come può succedere una cosa del genere, la risposta sta... nella forza di gravità! All'origine di questo fenomeno è infatti la forza di gravità che si esercita reciprocamente fra gli astri coinvolti e, in particolare, le forze di marea, che agiscono in maniera differenziale fra le diverse parti di uno stesso astro. Per quanto riguarda Mercurio, per esempio, a contribuire alla risonanza è la maggiore attrazione da parte del Sole dell'emisfero rivolto verso la stella contro la minore attrazione sentita dall'emisfero opposto, più lontano. Questa azione è sempre dissipativa e agisce frenando il moto di rotazione fino a che non arriva a una soluzione di equilibrio, qual è appunto quella della risonanza 1:1 per la Luna rispetto alla Terra o della risonanza 3:2 di Mercurio rispetto al Sole.

Ma per voi, astroturisti che state programmando il vostro prossimo viaggio verso il pianeta Mercurio, tutto questo ragionamento sulla risonanza spin-orbita riveste un qualche interesse? Certo che sì, altrimenti ve l'avremmo risparmiato. Perché questa particolare situazione ha grosse – anzi, grossissime – implicazioni sulla durata del giorno e della notte sul pianeta! Pensate: già il giorno mercuriano è bello lungo di suo (dura quasi 2 mesi terrestri), ma la combinazione con il moto di rivoluzione, di durata confrontabile, fa sì che fra un'alba e la successiva (o fra un tramonto e il successivo, ovviamente) passino addirittura 176 giorni terrestri. Quindi calcolate bene il periodo in cui andare, il luogo in cui soggiornare e, soprattutto, quanti giorni volete stare in piena luce solare! Potete invece trascurare il "cambio degli armadi", perché su Mercurio non ci sono né mezze né intere stagioni. L'asse di rotazione del pianeta è praticamente perpendicolare al piano orbitale, per cui su Mercurio c'è sempre e ovunque la stessa stagione.

MERCURIO E LUNA: UNA STORIA COMUNE?

Agli occhi di un esploratore inesperto, l'aspetto superficiale di Mercurio, ben studiato solo in seguito alle esplorazioni spaziali dedicate, può apparire non molto dissimile da quello della Luna. Anche Mercurio, infatti, alterna regioni ricche di crateri a zone pianeggianti, più levigate, che lasciano ipotizzare una passata attività vulcanica, come quella che ha dato origine ai "mari" lunari. D'altra parte, anche su questo pianeta, la mancanza di un'atmosfera causa l'assenza di processi erosivi e le caratteristiche superficiali possono conservarsi per miliardi di anni. Ma la superficie di Mercurio mostra delle caratteristiche originali, uniche in tutto il Sistema Solare.

Uno dei principali record che detiene – oltre a quello già citato della massima escursione termica di un pianeta – è quello di essere sede di uno dei più grandi crateri del Sistema Solare, se misurato in rapporto alle dimensioni del pianeta che lo ospita: il celebre **Bacino Caloris**, il cui nome ufficiale è **Caloris Planitia**, un cratere da impatto di quasi 1600 chilometri di diametro (Mercurio ha un diametro inferiore a 5000 chilometri), certamente originato da una collisione con un corpo roccioso di grandi dimensioni (almeno 100 chilometri di diametro), probabilmente avvenuta circa 3,8 miliardi di anni fa, epoca a cui risalgono anche gli impatti che originarono i mari lunari. L'impatto fu così violento – lo dimostrano anche le pareti del cratere, sollevate di quasi due chilometri rispetto al terreno circostante e che prendono il nome di **Caloris Montes** – che gli effetti si propagarono per tutto il pianeta.

Se la vasta pianura rappresentata dalla Caloris Planitia può essere percorsa con relativa tranquillità anche da veicoli cingolati tradizionali, molto più complessa è la situazione agli antipodi esatti di questo enorme bacino da impatto. Qua infatti si trova la zona più "accidentata" della superficie del pianeta, che, per questo motivo, è stata soprannominata "**terreno caotico**" (o "weird terrain", terreno strano, in inglese). Anche se non è stata ancora chiarita l'origine di questa regione, caratterizzata da una serie di colline irregolari e piccoli crateri con una conformazione diversa da qualunque altra si osservi sul pianeta, l'ipotesi più accreditata è che sia stata prodotta dall'incontro delle onde sismiche che si propagarono sul pianeta in seguito all'impatto che produsse il Bacino Caloris, arrivando appunto a spaccare e sollevare il terreno dalla parte opposta del pianeta.

Altri planetologi ipotizzano invece che il "terreno caotico" sia costituito dai materiali ricaduti sulla superficie del pianeta una volta che furono sollevati dalla collisione. Quale che sia l'origine, fate molta attenzione con il vostro rover, anche se i turisti più avventurosi ritengono che il mezzo privilegiato per attraversare questa regione sia il "quad". Se dopo aver attraversato questi terreni sconnessi, una pacchia per gli appassionati di "cross interplanetario", la vostra schiena è ancora a posto, vi suggeriamo di tornare a muovervi verso Caloris Planitia, dove, al suo centro, troverete un'altra affascinante formazione geologica, dal nome ancora più affascinante: le **Pantheon Fossae**. Si tratta di una serie di fratture radiali, lunghe e sottili, che si irraggiano da un cratere di 40 chilometri di diametro che si trova quasi esattamente al centro del bacino. Sì, avete capito bene: il nome di queste fosse tettoniche si riferisce proprio al Pantheon di Roma, di cui ricordano la struttura a cupola al cui centro si trova un'apertura circolare, che in questo caso è il cratere denominato **Apollodorus**, in onore dell'architetto greco Apollodoro di Damasco (50/60-130), a cui viene attribuito il progetto del Pantheon.

Prima che l'Unione Astronomica Internazionale desse un nome ufficiale a questa struttura superficiale di Mercurio, a causa dell'aspetto generale, l'insieme delle Pantheon Fossae e del cratere Apollodorus da cui sembrano irraggiarsi era soprannominato **The Spider** (il ragno). E in effetti, se vi troverete a sorvolare quest'area durante il viaggio di andata o di ritorno, vi sembrerà di vedere dall'alto un enorme ragno. Ma mentre nel ragno il corpo e le zampe nascono sicuramente insieme, nel caso delle Pantheon Fossae e del cratere Apollodorus gli astronomi sono ancora incerti. Non è infatti ancora chiaro se l'origine di Apollodorus abbia in qualche modo innescato la formazione delle Pantheon Fossae o se queste in realtà esistessero già e il cratere si sia formato in seguito e in maniera del tutto casuale proprio in prossimità del centro di questa struttura preesistente.

FIONDA O NON FIONDA

Per arrivare a Mercurio si potrebbe essere tentati di fare una cosa piuttosto sciocca: quella di lanciarsi in direzione del Sole e poi, una volta arrivati in prossimità dell'orbita del pianeta, fare una brusca deviazione per immettersi in quella traiettoria. Ecco, se stavate pensando a un viaggio del genere, rinunciate subito: arrivando a grandissima velocità diretti verso il Sole, la deviazione all'altezza dell'orbita di Mercurio richiederebbe una quantità di energia troppo alta per qualunque astronave da turismo ordinaria (nessuna ha motori e serbatoi di combustibile sufficienti per questa manovra) e quindi cadreste dritti dritti dentro il Sole senza alcuna possibilità di recupero. Un viaggio verso Mercurio richiede invece competenze di navigazione orbitale che non sono bagaglio di tutti. Prima di partire, accertatevi con il vettore scelto che lo skipper interplanetario che vi guiderà alla volta del pianeta abbia il patentino "Bepi", necessario per svolgere le manovre di assist gravitazionale. Sembrerà assurdo, ma il modo più veloce e sicuro per raggiungere Mercurio è quello di arrivarci "di traverso", come già fatto in passato da diverse sonde interplanetarie, fra cui la *Mariner 10*, che, lanciata nel 1973 proprio per esplorare il pianeta più vicino al Sole, fu la prima a sfruttare l'assist gravitazionale di un pianeta (Venere) per essere diretta verso un altro pianeta (Mercurio). Per inciso, la storia dell'astronautica racconta che i primi a impiegare la tecnica dell'assist gravitazionale furono i sovietici con la sonda *Luna 3*, che sorvolò e ci fornì le prime immagini della faccia nascosta del nostro satellite nel 1959.

L'idea di sfruttare un opportuno assist gravitazionale per arrivare a Mercurio e sorvolarlo più volte (i tecnici chiamano "fly-by" questi passaggi ravvicinati fra una sonda e un pianeta o comunque un altro corpo celeste) venne appunto a Giuseppe "Bepi" Colombo – a cui è stato dedicato il "patentino" di skipper interplanetario – che, all'inizio degli anni Settanta, aveva iniziato a collaborare con la NASA come esperto di meccanica celeste, proprio per progettare le traiettorie di alcune importanti missioni spaziali.

Da quel momento, la tecnica – che sfrutta il cosiddetto "effetto fionda" – divenne una pratica consueta, tanto da essere impiegata ripetutamente, sempre sotto la guida di Colombo, per le missioni *Voyager* (in particolare per la *Voyager 2*, che dopo il fly-by di Giove, venne prima diretta verso Saturno e poi, grazie a successivi assist gravitazionali, verso Urano e Nettuno; Colombo tuttavia morì prima di vedere la sonda arrivare a Urano). L'effetto fionda consiste nello sfruttare la gravità di un pianeta durante un passaggio ravvicinato per accelerare o decelerare una sonda, che significa non solo variarne il modulo della velocità, ma anche la traiettoria. A seconda della posizione reciproca delle orbite e delle velocità relative, una sonda può così modificare il proprio moto orbitale senza impiegare i propri motori e quindi senza consumare combustibile, rendendo possibili traiettorie e obiettivi altrimenti impossibili da raggiungere per motivi di costi o di tempi (come, appunto, i pianeti esterni Urano e Nettuno). Ecco dunque spiegato il motivo per cui a Mercurio merita arrivare per vie traverse: ci si mette un po' più di tempo, certo, ma, a seconda del piano di volo, si può approfittare dei passaggi ravvicinati con Venere e talvolta con la nostra stessa Terra per godere di spettacoli mozzafiato. Ricordatevi però di portarvi le pasticche per il "mal di fly-by": le accelerazioni improvvise e le brusche frenate hanno mietuto non poche vittime nei viaggi interplanetari con assist gravitazionale.

MERCURIO E EINSTEIN

Se siete appassionati della teoria della relatività generale e non avete denaro a sufficienza per pagarvi un viaggio attorno a un buco nero per sperimentarne gli effetti da vicino, potete comunque accontentarvi di Mercurio, battezzato così in onore del messaggero degli dèi per la velocità con cui percorre la propria orbita. Mercurio era infatti il dio più veloce di tutti, capace di volare da un luogo all'altro grazie ai suoi stivaletti alati. Il pianeta dette un contributo fondamentale alla conferma della teoria proposta dal fisico Albert Einstein (1879-1955). Le osservazioni mostrano infatti che, ogni volta che compie un giro attorno al Sole, la sua orbita ellittica ruota nello spazio, facendo avanzare nel tempo ("precedere") il punto di massimo avvicinamento al Sole (il cosiddetto "perielio"), da cui il nome di "precessione del perielio" dato al fenomeno.

Durante la notte di Mercurio – avendo quindi a disposizione un bel cielo stellato, limpido e privo di turbolenza (data l'assenza di atmosfera) – potete non solo godere dello spettacolo dato dal pianeta Venere e dalla nostra stessa Terra che brillano in cielo (se capitate nel periodo giusto, potete trovarli in opposizione al Sole, e vederli come il secondo e il terzo astro più luminosi del cielo di Mercurio, dopo il Sole, naturalmente!), ma potete cimentarvi anche voi a fare qualche misura per capire in che posizione dell'orbita vi trovate, assieme a Mercurio. Se siete in prossimità del perielio e avete i dati relativi ai perieli precedenti potete facilmente scoprire che, calcoli alla mano, la teoria della gravitazione universale formulata dal fisico inglese Isaac Newton (1642-1726) alla fine del XVII secolo non è in grado di spiegare interamente il fenomeno. Beh, diciamo che dovete essere un po' bravini in meccanica celeste, ma i calcoli non sono complicatissimi.

Fra quelli particolarmente versati per la meccanica celeste c'era, verso la metà del XIX secolo, un matematico e astronomo francese, Urbain Le Verrier (1811-1877), già celebre per il suo contributo alla scoperta di Nettuno (1846), basato sull'osservazione delle perturbazioni sul moto di Urano. Fu proprio lui a dimostrare che la gravitazione universale di Newton non era sufficiente: le misure osservative fornivano infatti sempre un valore leggermente più grande di quello calcolato teoricamente. Forte delle sue capacità di calcolo, nel 1859 Le Verrier ipotizzò allora l'esistenza di un altro pianeta, con l'orbita interna a quella di Mercurio, capace di perturbare l'orbita di Mercurio in modo tale da produrre la precessione del perielio osservata.

A questo pianeta, chiamato **Vulcano** dallo stesso Le Verrier, venne data la caccia per decenni, ma nessuno riuscì mai a scovarlo.

Perché, semplicemente, non esiste. Fu lo stesso Albert Einstein a interrompere bruscamente i sogni di chi sperava in un nuovo pianeta nel Sistema Solare, dimostrando che la sua teoria della relatività generale era in grado di rendere conto dell'intera entità dello spostamento osservato. Fu così che la precessione del perielio di Mercurio divenne uno dei primi banchi di prova della nuova teoria della gravitazione di Einstein, superato con successo come tutti quelli condotti da quel momento in poi.

CAPITOLO 4

LA DEA DELL'AMORE

VENERE

PIANETA

Massa: 0,82 volte quella della Terra
Raggio medio: 6052 km
Temperatura superficiale: 462 °C
Durata del giorno: 243 giorni terrestri (rotazione retrograda)
Durata dell'anno: 224,7 giorni terrestri
Numero di satelliti: 0
Sistema di anelli planetario: no

Se, dopo aver fatto tappa su Mercurio, pensate di aver toccato la superficie planetaria più calda del Sistema Solare, beh, vi sbagliate. Già, perché nonostante gli oltre 400 °C raggiunti su Mercurio sull'emisfero diurno, esposto alla luce diretta del Sole, il non invidiabile record di pianeta più caldo di tutti spetta invece a Venere. Curioso, verrebbe da dire.

Venere, infatti, dista dal Sole quasi il doppio di Mercurio, per cui riceve dalla stella quasi un quarto della radiazione che riceve Mercurio, perché, come recita la cosiddetta "legge dell'inverso del quadrato", l'intensità della radiazione irradiata da una sorgente luminosa è inversamente proporzionale al quadrato della distanza dalla sorgente stessa. Ma a dispetto della maggiore distanza dal Sole, la superficie del pianeta che porta il nome della dea dell'amore della mitologia romana può raggiungere quasi 500 °C, con una temperatura media planetaria attorno a 460 °C. E, fatto ancora più incredibile, non esiste escursione termica, per cui tutto il pianeta si trova alla stessa temperatura. In pratica è un vero inferno (e non solo per questo) e, mappe alla mano, sembra che non ci sia proprio verso di mettersi al riparo.

UN'ARIA DAVVERO PESANTE

All'origine di queste condizioni termiche assolutamente proibitive per un qualunque astroturista sprovvisto delle necessarie protezioni si trovano due cause principali. La prima è l'inclinazione dell'asse di rotazione del pianeta. Venere, infatti, a differenza della Terra, il cui asse di rotazione è inclinato di circa 23,5° rispetto alla perpendicolare al piano dell'orbita, ha un'inclinazione di appena 3° (in realtà dovremmo scrivere di 177°, ma vedremo meglio dopo il motivo). Un valore così basso implica che sul pianeta non esistono variazioni stagionali della temperatura, come invece si osserva sulla Terra e su Marte. In pratica, fra i poli e l'equatore di Venere non c'è poi così tanta differenza di clima.

L'altro motivo è la presenza di una densa e spessa atmosfera che avvolge il pianeta, ma forse potremmo anche scrivere incombe su di esso, tanto è "opprimente". Sulla superficie venusiana, la pressione media è di oltre 90 atmosfere, ovvero 90 volte quella che misuriamo sul nostro pianeta in condizioni normali al livello del mare. Sulla Terra, per provare una pressione simile, dobbiamo immergerci in mare fino quasi a un chilometro di profondità.

Ma, al di là della "pesantezza", a spiegare perché il pianeta è così caldo è soprattutto la composizione dell'atmosfera venusiana, dove il gas più abbondante non è niente di particolarmente esotico, ma la ben nota anidride carbonica (o biossido di carbonio, per usare l'espressione scientificamente corretta), che costituisce la miscela atmosferica per oltre il 95 per cento.

Quella stessa anidride carbonica di cui qui sulla Terra dovremmo ridurre le emissioni per evitare – o, al limite, rallentare – l'innalzamento della temperatura media planetaria, all'origine dei cambiamenti climatici che stiamo già osservando da tempo. Già, perché l'anidride carbonica è uno dei principali "gas serra" presenti nell'atmosfera terrestre, dove per "gas serra" si intende proprio un gas in grado di produrre il cosiddetto "effetto serra", che è all'origine sia degli attuali cambiamenti climatici terrestri che della situazione atmosferica venusiana.

EFFETTO SERRA, CHI ERA COSTUI?

Ma che cos'è l'effetto serra? E perché si chiama così? Prima di diventare astroturisti, avrete sicuramente viaggiato un po' per il pianeta che ci ospita e con ogni probabilità avrete visitato Londra. Una delle tappe imperdibili della capitale del Regno Unito, fra una visita al British Museum o alla National Gallery, un cambio della guardia a Buckingham Palace, un rintocco del Big Ben o una passeggiata fra le bancarelle di Portobello Road o i negozi di Camden Market, sono sicuramente i Royal Botanic Gardens, Kew (ovvero i giardini botanici reali di Kew, meglio noti con il nome di Kew Gardens), dove al suo interno si trovano alcune delle più grandi serre del mondo. Una di queste, la più antica, si chiama Palm House – casa delle palme – proprio perché ospita molti esemplari di queste piante esotiche, tipiche dei climi tropicali. È ovvio che il clima di Londra non sarebbe assolutamente adatto a questo tipo di vegetazione, ma provate a entrare nella Palm House e vi sembrerà di trovarvi immersi in una vera e propria foresta tropicale.

L'aria della serra si riscalda perché le pareti di vetro lasciano passare gran parte della radiazione solare, che si presenta sotto forma di luce visibile, quella a cui sono sensibili i nostri occhi (una percentuale viene sempre riflessa, ma il vetro ha una buona trasparenza alla luce visibile, come è facile verificare guardando da una finestra), ma trattengono quella riemessa dalle piante e dal terreno sotto forma di luce infrarossa, meno energetica e incapace di attraversare il vetro, che la riflette nuovamente verso l'ambiente interno. La radiazione infrarossa rimane quindi catturata dall'atmosfera presente nella serra, che così aumenta la propria temperatura, proprio perché le molecole di alcuni gas presenti nell'atmosfera della serra possono assorbirla, aumentando la propria energia, ed eventualmente riemetterla, ma sempre all'interno della serra. Fra le molecole presenti nell'aria della serra, quelle che fanno la parte del leone in questo meccanismo sono proprio il vapore acqueo e l'anidride carbonica. Ecco quindi spiegato il motivo del nome.

QUANDO IL CLIMA IMPAZZISCE

L'atmosfera terrestre non è avvolta da immense vetrate come accade in una serra, ma i gas in essa presenti – e, in particolare, il vapore acqueo e l'anidride carbonica – sono sufficienti a garantire la presenza dell'effetto serra sul nostro pianeta. In pratica sono proprio questi gas a svolgere la stessa funzione dei vetri di una serra. Ora, è bene essere chiari su questo punto, la presenza dell'effetto serra per la Terra è stata ed è tuttora una fortuna. Senza questo meccanismo di riscaldamento, la temperatura media del pianeta, che è attorno a 20 °C, sarebbe attorno a -20 °C.

Insomma, farebbe mediamente molto più freddo e le escursioni termiche sarebbero molto più elevate (pensate solo alla Luna e a Mercurio, entrambi privi di atmosfera). Il problema non è quindi l'effetto serra in sé, quanto il rischio che questo meccanismo di autoregolazione della temperatura atmosferica terrestre possa diventare incontrollato, proprio per responsabilità nostra, a causa di un eccesso di gas serra immessi in atmosfera da attività di origine antropica (cioè umana). Sulla Terra è sufficiente una percentuale molto più bassa di anidride carbonica in atmosfera per far saltare il meccanismo, e purtroppo ce ne stiamo già accorgendo.

Volete dunque fare una splendida esperienza didattica per capire come potrebbe finire il clima su un pianeta in cui l'effetto serra è impazzito? La visita di Venere è proprio quello che fa per voi. Niente piante tropicali da tenere al caldo, ma una temperatura infernale ovunque proprio a causa di quello che viene chiamato "effetto serra incontrollato", dall'espressione inglese "runaway greenhouse effect" ("greenhouse" significa "serra", appunto). I planetologi pensano infatti che anche Venere, nel suo lontano passato, possa aver goduto di un clima più favorevole e che la sua superficie sia stata bagnata da oceani di acqua allo stato liquido; a un certo punto della sua storia, però, a causa della maggiore radiazione solare, gli oceani sarebbero evaporati portando in poco tempo il pianeta a subire un effetto serra incontrollato, che lo ha portato nelle condizioni attuali. Invivibile, non solo per le piante tropicali, ma anche per la vostra eventuale collezione di soldatini di piombo, considerato che questo metallo fonde ad appena 327,5 °C! Nel caso di Venere, quindi, la causa dell'effetto serra incontrollato è da imputarsi all'eccesso di vapore acqueo immesso in atmosfera dall'evaporazione dell'acqua liquida presente sulla superficie del pianeta.

Dopo questa lunga digressione sull'effetto serra, il lettore attento potrebbe notare che anche sul pianeta Marte l'atmosfera è essenzialmente composta da anidride carbonica, ma lì fa comunque freddo. La risposta è presto detta: l'atmosfera marziana è molto più trasparente e molto meno densa sia di quella terrestre che, a maggior ragione, di quella venusiana, per cui trattiene comunque meno radiazione. Inoltre Marte è più distante dal Sole, per cui alla sua superficie arriva molta meno energia.

Ma, secondo i planetologi, deve esserci stato un tempo, nel suo lontano passato, in cui l'effetto serra è stato importante anche sul pianeta rosso, che quindi doveva essere molto più caldo di adesso. È stato il periodo in cui l'atmosfera di Marte era ricca di vapore acqueo e la superficie di Marte era solcata da fiumi e laghi, se non addirittura mari e oceani. Che ora, come sappiamo bene, si trovano solo sul nostro pianeta.

NUBI TOSSICHE E PIOGGE ACIDE

Oltre a essere caratterizzata da temperature estreme, l'atmosfera di Venere gode di altre proprietà che rischiano di rendere il soggiorno sul pianeta piuttosto complesso, non solo per l'astroturista improvvisato, ma anche per quello esperto in avventure in ambienti estremi. Prima di tutto il vento: se è vero che i venti al livello della superficie non sono particolarmente veloci (i venti superficiali si muovono a pochi chilometri orari), è anche vero che la densità dell'aria venusiana è tale da offrire comunque l'impressione di essere investiti da una violenta ondata, piuttosto che da una lieve brezza. Quindi, restare in piedi non è senz'altro un'operazione semplicissima e, anche riuscendoci, si rischia sempre di essere colpiti da un sasso o comunque da grandi quantità di polvere trasportati da questi venti superficiali.

Come se non bastasse, piove. Ma non quella pioggerellina lieve fatta di piccole goccioline d'acqua che non dà problemi anche se ci coglie senza ombrello. No, su Venere piove acido solforico puro.

La spessa coltre di nubi che avvolge il pianeta e che ci impedisce di osservarne i dettagli della superficie con i telescopi è infatti composta da nuvole di acido solforico (ottenuto dalla miscela della poca acqua presente con il diossido di zolfo), che producono frequenti temporali, a cui sono spesso associati anche fulmini. L'aspetto curioso è che questa pioggia in realtà non arriva a toccare la superficie, ma evapora prima a causa dell'alta temperatura, per tornare a formare nuvole da cui nuovamente pioverà acido solforico, in un ciclo continuo senza interruzioni. Quindi, da un lato, l'astroturista potrebbe anche pensare di fare a meno dell'ombrello, ma è bene non fidarsi troppo, perché, come ben sappiamo anche qui sulla Terra, l'acido solforico è un materiale estremamente corrosivo e non è consigliabile rischiare di "bruciarsi" la pelle sotto la temibile pioggia venusiana!

Fra l'atmosfera densa e pesante, le piogge acide, i fulmini, i venti e le alte temperature, si capisce bene il motivo per cui le numerose missioni sovietiche e statunitensi che sono riuscite a posarsi sulla superficie del pianeta hanno avuto vita difficile e di breve durata. Seppure quasi tutte (escluse le prime, essendo i progettisti ancora ignari dell'ambiente che avrebbero trovato) fossero progettate per affrontare pressioni altissime, come i batiscafi, nessuna ha resistito per più di qualche decina di minuti, a parte la missione sovietica *Venera 13*, lanciata nel 1981, il cui lander, sganciato il 1° marzo 1982, sopravvisse per ben 127 minuti alle proibitive condizioni atmosferiche venusiane. Per inciso, oltre a inviare diverse immagini del paesaggio venusiano, il lander era anche dotato di microfoni, il cui scopo era quello di registrare il rumore prodotto dai venti e dedurne quindi la velocità. Fu quella la prima volta in cui venne registrato un suono su un altro pianeta.

IL GIORNO PIÙ LUNGO... E L'ALBA AL CONTRARIO!

Nel 1959 il giornalista irlandese Cornelius Ryan (1920-1974) pubblicò un lungo e documentato saggio intitolato *The longest day*, cioè "il giorno più lungo". Pochi anni dopo, nel 1962, uscì anche un ancora più celebre film, tratto dal libro, con un cast ricco di stelle di Hollywood. Nel libro Ryan racconta le vicende dello sbarco alleato in Normandia, la più imponente invasione via mare della storia, iniziata martedì 6 giugno 1944, data conosciuta anche con il nome in codice D-Day. Per dare il titolo al saggio, Ryan prese ispirazione da un commento fatto dal generale tedesco Erwin Rommel (1891-1944; la celebre "volpe del deserto") al suo aiutante in campo: "le prime 24 ore dell'invasione saranno decisive... il destino della Germania dipende dall'esito... per gli Alleati, come per la Germania, sarà il giorno più lungo".

Né Ryan né tantomeno Rommel potevano certamente pensare al pianeta Venere, che pure detiene il record di pianeta del Sistema Solare con il giorno più lungo. Il pianeta intitolato alla dea dell'amore completa infatti una rotazione attorno al proprio asse in ben 243 giorni terrestri, ma la scoperta arrivò solo da osservazioni radar dalla Terra nel 1963.

Curiosamente, a differenza dei venti superficiali, che soffiano sostanzialmente lenti, le nubi in alta quota arrivano sino a 350 chilometri orari e completano un giro attorno al pianeta in circa quattro giorni. Questo fatto per lungo tempo ha reso molto complicata la misura della velocità di rotazione del pianeta, che, aggiungendo stranezza su stranezza, ruota in senso orario (da est verso ovest, con un moto chiamato di "rotazione diretta") invece che in senso antiorario (da ovest verso est) come la quasi totalità dei pianeti del Sistema Solare, se osservati da sopra i piani delle loro orbite. L'unico altro pianeta a condividere con Venere questa particolarità è Urano. Gli astronomi chiamano questa caratteristica "rotazione retrograda" ed è sempre un problema riuscire a spiegarne le origini: per Venere si pensò inizialmente a una collisione con un asteroide, ma adesso l'ipotesi più accreditata è quella che imputa questa condizione agli effetti di marea subiti nel corso del tempo dal pianeta e dalla sua atmosfera a causa della vicinanza al Sole. La rotazione retrograda è anche il motivo per cui alcuni astronomi definiscono l'asse di rotazione del pianeta Venere inclinato di 177° (rotazione diretta, ma asse rovesciato) invece che di 3° (rotazione inversa, ma asse diritto).

Il giorno venusiano è così lungo che addirittura dura più di un anno venusiano, di appena 225 giorni terrestri. Questa combinazione della rotazione retrograda in 243 giorni e della rivoluzione in 225 giorni fa sì che, su Venere, fra un'alba e la successiva passino 117 giorni. In altre parole, un intero ciclo dì-notte su Venere dura poco più di mezzo anno (117 x 2 = 234, di poco maggiore di 225). O, viceversa, un anno venusiano dura poco meno di due cicli dì-notte. Ma giorno (inteso nell'accezione terrestre di "ore di luce") o notte che sia, l'atmosfera del pianeta non fa passare molta luce e difficilmente si riesce a scorgere il Sole attraverso gli spessi strati di nuvole, creando anche in pieno giorno una permanente condizione di semioscurità (come quando qui sulla Terra siamo in pieno giorno ma nuvole nere e minacciose che annunciano un temporale incombono sulle nostre teste).

E comunque se, nonostante tutto, volete aspettare l'alba, ricordatevi di guardare verso ovest: già, perché, ruotando il pianeta al contrario, il Sole sorge dalla parte opposta rispetto a quella da cui lo vedete sorgere sulla Terra!

ALLORA PERCHÉ DEDICARE IL PIANETA ALLA DEA DELL'AMORE E DELLA BELLEZZA?

In effetti, se siete arrivati a leggere fino qui, potrebbe venirvi il dubbio: che cosa ci avranno trovato di tanto bello gli antichi Romani (e prima di loro i Greci) per dedicare il pianeta alla più bella e affascinante delle divinità? Prima di tutto bisogna pensare che loro molte delle informazioni che avete letto in queste pagine non le avevano. Certo, sapevano in quanto tempo orbitava attorno al Sole – fra l'altro percorrendo un'orbita quasi perfettamente circolare – ma poco altro. In quel poco altro c'era il fatto che, dopo il Sole e la Luna, Venere era l'astro più brillante del cielo, capace di risplendere nella luce del crepuscolo mattutino, quando il Sole, ancora sotto l'orizzonte orientale, comincia a inondare il cielo della sua luminosità, oppure in quella del crepuscolo serale, quando il Sole, appena scomparso dietro l'orizzonte occidentale, infiamma ancora il cielo dei suoi colori.

Come descritto nelle pagine dedicate a Mercurio, anche Venere infatti, in quanto pianeta interno, non si allontana mai troppo angolarmente dal Sole (la sua elongazione massima è 47°), e quindi limita le proprie apparizioni a poche ore prima dell'alba, quando si trova a ovest della nostra stella, o a poche ore dopo il tramonto, quando invece si trova a est rispetto alla nostra stella. È questo il motivo per cui in antichità veniva chiamato **Lucifero** (o "stella del mattino") e **Vespero** (o "stella della sera"). Ma, a differenza di Mercurio, Venere è estremamente brillante e facilmente riconoscibile in cielo. È stata sicuramente questa sua caratteristica brillantezza – come quella di un diamante incastonato nel cielo notturno – a colpire l'immaginazione degli antichi osservatori del cielo, che così decisero di dedicare l'astro alla dea della bellezza. Perché, quando si osserva il cielo a occhio nudo, nessuno può negare che, Luna esclusa, Venere è davvero l'astro più bello del firmamento. Adesso sappiamo che il merito di questa incredibile brillantezza è delle nubi in alta quota, che riflettono con grande efficienza la luce solare... ma quella che penetra nell'atmosfera è comunque sufficiente a fare del pianeta un inferno!

GLI ANAGRAMMI DI GALILEO

Se siete il tipo di astroturista che prima di intraprendere un viaggio verso un altro corpo celeste vuole sapere come appare quando lo si osserva da Terra, avrete certamente messo almeno una volta l'occhio all'oculare di un telescopio puntato verso Venere. E avrete quindi scoperto che mostra le fasi, esattamente come la Luna. Questo accade perché, a seconda delle posizioni assunte da Venere rispetto al Sole e alla Terra, il pianeta può avere gradi diversi di illuminazione. Quando il pianeta si trova alla minima distanza dalla Terra (perigeo), le sue dimensioni apparenti sono massime, ma è sostanzialmente invisibile perché in congiunzione inferiore, ovvero con l'emisfero rivolto verso la Terra completamente in ombra (in pratica è quello che accade al novilunio). Quando, viceversa, è in congiunzione superiore, ovvero dalla parte opposta del Sole rispetto alla Terra, l'emisfero rivolto verso di noi è completamente illuminato dal Sole (fase equivalente al plenilunio), ma le dimensioni apparenti del pianeta sono piccole perché si trova alla distanza massima dalla Terra (apogeo). In tutte le altre posizioni dell'orbita si possono osservare le fasi falcate (come la Luna crescente o decrescente), dicotome (come la Luna al primo e all'ultimo quarto) e gibbose (come la Luna prima e dopo il plenilunio).

Il primo a osservare che il "pianeta dell'amore" mostrava le fasi come la Luna fu l'astronomo pisano Galileo Galilei (1564-1642), il primo a puntare un cannocchiale verso il cielo. Sappiamo di questa sua scoperta perché in una lettera datata 11 dicembre 1610 inviata a Giuliano de' Medici (1574-1636) – all'epoca ambasciatore del Granducato di Toscana presso la corte imperiale di Rodolfo II d'Asburgo a Praga (1552-1612) – Galileo la annuncia con un anagramma in latino, uno stratagemma molto in voga a quei tempi, quando ancora le notizie faticavano a diffondersi ed era molto alto il rischio che qualcuno, una volta venuto a conoscenza di una scoperta, ne rivendicasse la paternità.

In effetti la scoperta delle fasi di Venere era per Galileo fondamentale, sconvolgente tanto e forse più di quelle pubblicate mesi prima nel suo trattato *Sidereus Nuncius.* Già, perché per lui le fasi del pianeta erano la prova che questo orbitava attorno al Sole, proprio come sosteneva l'astronomo polacco Niccolò Copernico nel suo *De revolutionibus orbium coelestium* (*Sulle orbite dei corpi celesti*), pubblicato nel 1543.

Che cosa scrisse dunque Galileo per annunciare la scoperta, ma mantenerne la paternità? Il testo della lettera riportava queste parole, oltre alla promessa di rivelarne il significato al momento opportuno: "Haec immatura a me iam frustra leguntur o.y"., una frase a dir poco misteriosa, traducibile con "queste cose sono ancora inutilmente troppo giovani perché io le possa leggere" (lettere "o.y". escluse, che sono ovviamente residue dalla scomposizione della frase risolutiva dell'anagramma).

Nel tentativo di risolvere l'anagramma galileiano si cimentò addirittura Johannes Kepler (1571-1630; sì, Keplero, quello delle leggi sul moto dei pianeti), anche lui ospite di Rodolfo d'Asburgo a Praga, ma senza fortuna. Solo il 1° gennaio 1611, in una nuova lettera indirizzata a Giuliano de' Medici, lo scienziato pisano decise di togliere il velo al mistero: "Cynthiae figuras aemulatur mater amorum", frase più chiara della precedente, per quanto infarcita di significati simbolici. La traduzione recita infatti che "la Madre degli amori copia le forme di Cinzia", che significa che Venere (cioè la Madre degli amori, "mater amorum") mostra le fasi come la Luna ("Cynthiae figuras"; nella cultura greca Cinzia era uno dei nomi usati per indicare la Luna). Ecco dunque svelato l'arcano!

VENERE, UN GEMELLO DELLA TERRA?

Permanentemente avvolto da una spessa e densa coltre di nubi, Venere è stato per molto tempo uno degli obiettivi più difficili da studiare da parte dei planetologi, nonostante sia il pianeta più vicino e apparentemente più simile alla Terra, almeno dal punto di vista delle caratteristiche fisiche: Venere, infatti, è solo un po' più piccolo e un po' meno massiccio della Terra, e ha un'accelerazione di gravità alla superficie pari all'88 per cento di quella terrestre.

Ma grazie alle svariate sonde che hanno sorvolato il pianeta – comprese le prime missioni robotizzate verso un altro pianeta, come le sovietiche *Venera* e le statunitensi *Mariner* – o che si sono "immolate" tuffandosi nell'atmosfera venusiana o atterrando sulla sua superficie e, soprattutto, grazie alle osservazioni radar condotte in particolare dalle missioni *Pioneer Venus* e *Magellan* della NASA e *Venus Express* dell'ESA appositamente dedicate all'esplorazione del pianeta, adesso sappiamo che in passato Venere deve essere stato molto più simile alla Terra di quanto si pensasse e che i due possono in una certa misura essere considerati pianeti gemelli. Anche se, come ha sostenuto un astronomo, se gemelli sono, devono essere stati separati alla nascita, tante sono le attuali differenze.

Le fotografie che le sonde sovietiche *Venera* hanno inviato dalla superficie non lasciano molto spazio all'immaginazione. Un paesaggio desolato, fatto di rocce e polveri, coperto da un cielo cupo e nuvoloso, illuminato a fatica dalla luce solare. Ma lo sguardo di queste sonde non era in grado di spingersi troppo lontano. Le prime idee dettagliate sull'aspetto della superficie di Venere sono state raccolte dalla sonda *Magellan*, che ha realizzato una mappa radar dopo essere entrata in orbita attorno al pianeta. Da queste osservazioni sappiamo che la superficie è priva di grandi crateri – ne contiene appena un decimo della quantità prevista! – ed è quasi interamente coperta (per l'85 per cento) di rocce vulcaniche. Combinate assieme queste due osservazioni suggeriscono agli astronomi che su Venere ci sia stata, e forse sia ancora in corso, un'intensa attività vulcanica, considerato che i planetologi che hanno studiato la superficie del pianeta hanno contato oltre 1600 vulcani principali, ma ce ne sono molti di più. Il dubbio che alcuni di questi siano ancora attivi nasce dal fatto che non è mai stata osservata alcuna esplosione come accade per molti vulcani terrestri – forse perché su Venere manca il vapore acqueo a svolgere il ruolo di "agente esplosivo" – ma i dati raccolti dalle missioni spaziali rivelano che alcune zone sono ancora calde ("hot spot", punti caldi) a causa dei cosiddetti "pennacchi di magma" (che sale verso la superficie dalle profondità del mantello) subito sotto la crosta superficiale. Proprio in prossimità di queste aree sono state osservate anche colate laviche che gli astronomi stimano essere il risultato di eruzioni vulcaniche piuttosto recenti.

Tutto questo per dire che gli appassionati di vulcani possono trovare su Venere i loro paesaggi ideali anche muovendosi senza meta. Prima o poi si inciampa sicuramente in una bella lingua di lava, sperabilmente non incandescente. Il vulcano venusiano più importante è il **Ma'at Mons**, così chiamato in onore di Ma'at, dea egizia della giustizia e dell'armonia. Figlia del dio-sole Ra, che la inviò nel mondo per allontanare per sempre il caos e propagare l'ordine cosmico, Ma'at era responsabile della disposizione delle stelle in costellazioni. Il rilievo che le è dedicato – che è anche il vulcano più alto del pianeta, elevandosi per oltre 8 chilometri il raggio planetario medio – non pare tuttavia così ordinato come il nome vorrebbe: è infatti un enorme vulcano a scudo, probabilmente ancora attivo, la cui ampia caldera principale, posta sulla sommità, ha un diametro di oltre 30 chilometri.

Il vulcano Ma'at non è comunque la montagna più alta di Venere. Nel loro punto più alto, infatti, i **Maxwell Montes** superano la vetta del vulcano di ben 3 chilometri, arrivando fino a 11 chilometri oltre il raggio medio del pianeta. Questo massiccio è anche il luogo più "fresco" di Venere: con una temperatura media di "appena" 380 °C, è l'unico punto del pianeta in cui si possa trovare un minimo di refrigerio. Ma sempre sotto una pressione di 45 atmosfere!

I monti Maxwell, dedicati al fisico scozzese James Clerk Maxwell (1831-1879), che formulò le leggi dell'elettromagnetismo, si trovano su un vasto altopiano basaltico, approssimativamente grande quanto l'Australia, chiamato **Ishtar Terra**. Per la sua estensione territoriale è considerato uno dei due "continenti" del pianeta. La terra di Ishtar, dedicata alla dea dell'amore (ma anche della guerra) nella mitologia della civiltà babilonese, si eleva di circa 4 chilometri sopra il livello medio del pianeta ed è ricca di aree vulcaniche in cui l'astro-trekker può mettere a dura prova le proprie capacità atletiche. L'altro grande altopiano è **Aphrodite Terra**, ovvero terra di Afrodite, che è la divinità greca dell'amore, quella che poi i romani trasformarono in Venere, appunto. Estesa quanto l'Africa, anche questa "terra" arriva a circa 4 chilometri di altitudine ed è ricca di caratteristiche geologiche tipiche dei paesaggi vulcanici: colate laviche, fratture, faglie, che si intersecano per ampie zone dell'altopiano.

Ma su Venere potete trovare anche quello che i planetologi ipotizzano possa essere stato il letto del "fiume di lava" più lungo del Sistema Solare: **Baltis Vallis**, un canale che attualmente si estende per 6800 chilometri (quanto il Nilo), ma che in passato era sicuramente più lungo. Profondo in media 100 metri e con una larghezza variabile da 1 a 3 chilometri, questa "valle" sinuosa porta il nome siriano e fenicio del pianeta Venere. E a questo punto vi sarà chiaro che praticamente tutte le caratteristiche superficiali del pianeta fanno riferimento proprio alla dea dell'amore o ad altre divinità femminili o a nomi dati al pianeta da civiltà passate. Maxwell a parte, naturalmente, che si trova lì, suo malgrado, solo perché con i suoi studi ha aperto la strada alla scoperta delle onde radio, e quindi all'uso del radar, la cui tecnologia ha permesso di togliere i veli a Venere.

Non abbiamo parlato di satelliti? Certo, perché Venere non ne ha. E comunque, anche se ne avesse, sotto un cielo permanentemente coperto da nubi, sarebbe davvero difficile accorgersi della luce notturna di un eventuale "plenilunio" venusiano.

CAPITOLO 5

IL GIGANTE E IL SUO CORTEO

> **GIOVE** 
>
> **PIANETA**
>
> Massa: 317,82 volte quella della Terra
> Raggio medio: 69.911 km
> Temperatura efficace: -148 °C
> Durata del giorno: 9,92 ore
> Durata dell'anno: 11,86 anni terrestri
> Numero di satelliti: 79 (confermati)
> Sistema di anelli planetario: sì

Se siete appassionati di aurore polari, Giove è il pianeta che fa per voi. Intendiamoci, non è che quelle terrestri siano proprio da buttare via, ma quelle del gigante del Sistema Solare sono assolutamente spettacolari. Non fosse altro per il fatto che sono molto più estese, brillanti e durature di quelle che si possono osservare dalle regioni polari del nostro pianeta. Ogni viaggiatore interplanetario che si rispetti non può tornare a casa senza almeno un video di un'aurora gioviana.

Il problema, purtroppo, è che per assistere a questo spettacolo occorre imbarcarsi in un viaggio lungo e anche un po' rischioso, in effetti. Già, perché Giove, proprio come la divinità di cui porta il nome (nella mitologia romana Giove era il dio supremo, signore di tutti gli altri dèi), è un pianeta con caratteristiche estreme e manifestazioni molto violente. Dai venti, alle pressioni, alle temperature, al campo magnetico, alla forza di gravità, tutto su Giove è a un livello di intensità per fortuna sconosciuto sul nostro pianeta, ma che, appunto, può rappresentare una fonte di pericolo per il viaggiatore sprovveduto. Quindi, prima di tutto, occorre fare molta attenzione alla scelta del volo e all'equipaggiamento da mettere in valigia.

UN LUNGO VIAGGIO

Sempre brillantissimo in cielo e per questo motivo facilmente riconoscibile a occhio nudo, Giove è naturalmente conosciuto sin dall'antichità. È infatti il quarto oggetto del cielo per luminosità, dopo Sole, Luna e Venere (ma in certe configurazioni orbitali può capitare che anche Marte possa arrivare a essere più luminoso di Giove. Non c'è quindi da stupirsi che sia stato, dopo i corpi più vicini, come Luna e Marte, uno dei primi pianeti verso cui abbiamo diretto sonde interplanetarie per l'esplorazione scientifica, per poi farlo diventare un'ambita meta turistica. Molti la sognano, in effetti, ma pochi se la possono davvero permettere.

Intanto c'è da dire che i voli low cost per il sistema gioviano non sono particolarmente raccomandati. Per risparmiare sul combustibile, alcune compagnie propongono infatti voli che impiegano anche molti anni per arrivare a Giove, sfruttando spesso la spinta gravitazionale di altri pianeti, come Venere e la stessa Terra, prima di dirigersi finalmente verso il pianeta gigante. D'altra parte, i voli diretti, senza questi "scali gravitazionali", sono davvero estremamente costosi, impiegano comunque diversi mesi e arrivano a superare anche un anno di viaggio. È vero che anche le compagnie low cost fanno di tutto per non far annoiare l'astroturista durante il lungo viaggio – in particolare, gli eventuali sorvoli dei pianeti usati come "fionde" sono fra gli imperdibili "valori aggiunti" di questi voli per viaggiatori lenti – ma è anche vero che chi decide per una visita al sistema gioviano vuole arrivare là il prima possibile, perché ci sono infinite cose da vedere e da fare e, davvero, non c'è tempo da perdere.

Ma non va nemmeno trascurato il fatto che gli astrobus impiegati per i voli diretti, oltre a essere più confortevoli, hanno anche un livello di protezione della cabina molto più alto. Nei primi pionieristici viaggi commerciali verso Giove si sono infatti verificati casi di viaggiatori low cost che avevano assorbito dosi molto forti di radiazioni. Questo avviene sia durante il lungo viaggio, a causa del vento solare e dei raggi cosmici, sia in prossimità del sistema gioviano, proprio a causa dei fenomeni connessi al suo intenso campo magnetico. Questo ha portato le compagnie a impedire l'imbarco a passeggeri che non erano dotati delle opportune "tute da viaggio interplanetario", appositamente progettate per proteggere dalle sempre dannose e talvolta letali radiazioni ionizzanti, come protoni ed elettroni "catturati" all'interno delle fasce di radiazione di Giove.

Fin dalla scoperta delle fasce di radiazione presenti attorno alla Terra (le fasce di Van Allen, dal nome del fisico statunitense James Van Allen, 1901-2006, che le scoprì nel 1958), regioni in cui le particelle cariche provenienti dal Sole e dallo spazio rimangono intrappolate dal campo magnetico terrestre, è noto infatti che può essere molto pericoloso rimanere troppo a lungo all'interno delle cinture di radiazione che avvolgono i pianeti dotati di campo magnetico.

Le particelle ad alta energia non solo possono danneggiare le sonde spaziali e la strumentazione di bordo, ma sono anche estremamente dannose per i tessuti biologici, quindi per tutte le forme di vita. In ogni caso, senza bisogno di andare nello spazio, è sufficiente sentire qualche testimone degli incidenti nucleari di Chernobyl e Fukushima per capire l'effetto che fanno.

UN PIANETA A COLORI (MA CHE PUZZA, PERÒ!)

Secondo le testimonianze dei viaggiatori tornati da una vacanza attorno a Giove, la sua presenza sempre più incombente negli oblò dell'astrobus via via che si avvicina al pianeta è capace di suscitare forti emozioni, oltre che un comprensibile timore reverenziale, nei confronti di un astro in cui tutto è nella versione "maxi". Le sue fasce colorate disposte parallelamente all'equatore sono già riconoscibili con un telescopio amatoriale, e le diverse missioni che si sono avvicendate in passaggi ravvicinati (come le sonde *Pioneer 10* e *11* e le *Voyager 1* e 2) o inserendosi in orbita attorno al pianeta (come le missioni *Galileo* e *Juno*) hanno inviato a Terra immagini di una bellezza sconvolgente, ricche di dettagli e di colori variegati. Figuriamoci quindi l'effetto che deve fare alla visione diretta.

Dalle osservazioni sappiamo che quello che vediamo del pianeta sono gli strati superiori della sua estesa atmosfera, dove si trovano nubi di alta quota agitate da venti che viaggiano a centinaia di chilometri orari, dovuti soprattutto al flusso di calore proveniente dall'interno del pianeta oltre che da quello assorbito dal Sole (Giove emette più radiazione di quanta ne assorbe dal Sole). Proprio come sul nostro pianeta – si pensi, per esempio, agli alisei e ai monsoni terrestri – anche su Giove i venti prevalenti si muovono in direzioni opposte in fasce adiacenti, producendo l'aspetto caratteristico della parte osservabile del pianeta. A contribuire in maniera significativa all'aspetto a fasce controrotanti del pianeta è anche la sua notevole velocità di rotazione: un "giorno gioviano" dura infatti appena 10 ore (è il giorno più breve fra i pianeti del Sistema Solare!). Giove completa quindi una rotazione su se stesso in meno della metà del tempo impiegato dal nostro pianeta: ci troviamo di fronte a una trottola gigante e velocissima!

Secondo la nomenclatura entrata in uso da tempo, alle fasce chiare è stato attribuito il nome di **zone**, mentre quelle scure vengono chiamate **bande**. Così, per esempio, sulle mappe di Giove troviamo la zona equatoriale, costituita da un'ampia fascia chiara che avvolge tutto il pianeta a livello dell'equatore, e le bande temperate (settentrionale e meridionale), fasce più strette rispetto alla zona equatoriale, che avvolgono il pianeta alle medie latitudini nord e sud. Solo ai due poli troviamo le cosiddette **regioni**: la regione polare settentrionale e la regione polare meridionale. Le varie colorazioni sono dovute a diversi fattori, come lievi differenze nella composizione chimica, variazioni di temperatura, diverse profondità. Nel dettaglio, sappiamo che le bande più scure sono costituite da aria a bassa pressione più calda, in moto discendente, mentre le zone più chiare sono costituite da aria ad alta pressione più fredda in moto ascendente.

Nonostante l'atmosfera del pianeta – anzi, praticamente tutto il pianeta – sia composta essenzialmente da idrogeno ed elio, a giocare un ruolo importante nella spettacolare variegatura di colori sono in particolare alcuni composti dello zolfo (presente in tracce nell'atmosfera gioviana, ma capace di dare un notevole contributo all'estetica del pianeta!), che partecipano alla colorazione bruna, e l'ammoniaca, i cui cristalli vanno a comporre le nubi biancastre. A livello più alto troviamo quindi le nubi rossastre; scendendo in profondità, troviamo prima quelle di colorazione marrone, poi quelle bianche, infine quelle più profonde, che ci è dato di vedere ogni tanto attraverso gli spazi lasciati liberi dalle nubi sovrastanti, di colore bluastro.

Viste ancora più da vicino queste nubi mostrano infiniti dettagli, con vortici di varie dimensioni che si intersecano e sovrappongono quando zone e bande entrano in contatto. Capite bene che per quanto questa visione possa lasciarci estasiati, meno gradevole sarà l'esperienza olfattiva, sempre che abbiate la voglia e soprattutto il coraggio di sperimentarla. Dispiace dirlo, ma grazie al contributo dello zolfo, Giove ha un odore davvero sgradevole. Un odore che, al confronto, le solfatare dei Campi Flegrei sono profumate.

UN OCEANO DI IDROGENO... METALLICO!

Fin qui abbiamo parlato di nubi, venti, atmosfere, ma di nessuna crosta solida su cui una qualunque astronave possa posarsi dolcemente. In effetti l'abbiamo dato per scontato, ma forse è bene specificarlo: su Giove non c'è proprio modo di atterrare. Di quelle belle e ruvide croste rocciose a cui ci avevano abituati i pianeti come Mercurio, Venere e Marte (oltre alla Terra, naturalmente), proprio per questo chiamati pianeti rocciosi o terrestri, sui pianeti gassosi come Giove non c'è traccia. Forse, molto in profondità, al centro del pianeta, si trova un nucleo solido composto da ferro e silicati, ma è sicuramente impossibile da raggiungere da qualunque sonda, anche robotizzata. Le temperature e le pressioni là sotto sono tali da distruggere qualunque manufatto. E sono proprio le temperature e le pressioni distribuite nei vari strati del pianeta a conferirgli una struttura interna che ha dell'incredibile. Ovviamente non possiamo osservarla direttamente, ma possiamo solo ipotizzarla e descriverla attraverso modelli matematici, a partire dai dati osservativi, ovvero dalle caratteristiche osservabili e misurabili del pianeta.

I planetologi si sono fatti l'idea che sotto la spessa coltre di nubi agitate dai venti si possano infatti trovare alcuni strati dall'aspetto un po' particolare. Ad avvolgere un possibile nucleo roccioso, comunque molto piccolo e composto da ferro e silicati, dovrebbe intanto trovarsi un profondo **oceano di idrogeno metallico liquido**, un materiale inesistente in natura sulla Terra e anche estremamente difficile da riprodurre in laboratorio! Sì, avete letto bene: idrogeno non allo stato gassoso, come siamo abituati a conoscerlo qua sulla Terra, ma in una condizione estremamente particolare, prodotta proprio dalle altissime pressioni a cui è sottoposto. Niente paura, anche voi conoscete sicuramente un metallo liquido: il mercurio è infatti un metallo che a temperatura ambiente si trova allo stato liquido.

Sopra a questo strato, fra gli strati atmosferici e l'oceano di idrogeno metallico, dovrebbe trovarsi un altro oceano, dall'aspetto un po' più banale, verrebbe da dire, essendo composto essenzialmente da "normale" idrogeno liquido, sempre a causa delle alte pressioni che si trovano all'interno del pianeta. Purtroppo, non potendo andare a vedere direttamente, non sappiamo se fra questi due strati di idrogeno, quello semplicemente liquido e quello metallico esiste una transizione netta, una superficie di interfaccia fra l'uno e l'altro.

Tutto questo per dirvi che, anche nel caso in cui riusciste ad attrezzarvi per "immergervi" nel pianeta, potreste scendere a profondità sempre più spinte senza mai trovare una vera e propria superficie, non solo dove poggiare i piedi, ma anche solo per dire: "Finalmente sto nuotando nell'idrogeno metallico!" Perché, certamente prima o poi ci arrivereste, ma probabilmente in maniera graduale, come se foste immersi in un liquido sempre più denso, e non con una transizione netta come accade per esempio quando ci tuffiamo in mare, passando in maniera brusca dall'aria all'acqua.

UN TIPO DAVVERO "MAGNETICO"

Giove è super in tutto. Nel Sistema Solare non ha davvero eguali. Non è solo il pianeta con le dimensioni maggiori e con una massa che è due volte e mezza quella di tutti gli altri pianeti messi assieme, ma ha anche un campo magnetico estremamente intenso: oltre 10 volte quello terrestre! A generarlo è, con ogni probabilità, proprio la rotazione di quel profondo oceano di idrogeno metallico che avvolge il nucleo del pianeta, e la sua intensità può rappresentare un discreto problema per i piloti degli astrobus, perché il rischio è, letteralmente, quello di perdere la bussola!

Naturalmente, un campo magnetico così intenso ha l'effetto di proteggere il pianeta dal vento solare, il continuo flusso di particelle cariche provenienti dal Sole (ci riesce quello terrestre, figuriamoci quello gioviano, capace di produrre uno scudo protettivo – la magnetosfera – molto più esteso e resistente!). Ma ha anche la capacità di produrre fenomeni aurorali estremamente spettacolari, complici anche le quattro principali lune di Giove, le cui orbite si trovano tutte internamente a questa regione protetta e che contribuiscono, interagendo proprio con il campo magnetico che si trovano ad attraversare, a rendere le aurore gioviane uno spettacolo davvero unico. In particolare, il satellite Io, caratterizzato da un'intensa attività vulcanica, contribuisce ad alimentare costantemente i fenomeni aurorali con l'emissione continua di materiali eruttati, che poi vanno a incanalarsi lungo le linee del campo magnetico del pianeta. Anzi, Io è proprio la fonte principale di materiale per la magnetosfera gioviana e pertanto contribuisce in maniera significativa alla produzione di aurore. In effetti, si può dire che esistono le aurore prodotte da Io (e dagli altri satelliti maggiori).

A CACCIA DI AURORE GIOVIANE (MA ANCHE TERRESTRI)

Per quanto estese, brillanti e durature, le **aurore gioviane** non sono osservabili dal nostro pianeta, purtroppo. Ecco perché i cacciatori di aurore sono disposti a tutto pur di ottenere un biglietto per un viaggio verso Giove. Chi ha assistito a un'aurora polare terrestre sa bene che, come le eclissi totali di Sole, anche le aurore danno dipendenza (un po' come le droghe, in effetti, ma per fortuna sono meno dannose e se ne può abusare a piacimento... di eclissi e aurore, intendiamo!). Quando ne hai vista una, vuoi subito vederne un'altra, e un'altra ancora, e non esiste niente che possa anche minimamente sostituirsi a quell'esperienza.

Le aurore polari – quelle boreali, in particolare – sono un fenomeno conosciuto sin dall'antichità, anche se la comprensione del loro meccanismo di funzionamento è piuttosto recente. La loro spiegazione, che risale ai primi del Novecento, si deve al fisico norvegese Kristian Birkeland (1867-1917), che trascorse molti anni della sua vita a studiare proprio le aurore boreali. Grazie a una serie di esperimenti, Birkeland, evidentemente meravigliato da questo fenomeno, arrivò a capire che alla sua origine doveva esserci l'interazione fra le particelle emesse dal Sole e il campo magnetico del nostro pianeta. E aveva ragione!

In effetti, il Sole non porta sul nostro pianeta solo luce e calore. La stella Sole interagisce con la Terra in molti altri modi e, in particolare, proprio attraverso il già citato vento solare, un flusso di particelle cariche (protoni ed elettroni) che vengono continuamente emesse dal Sole e che nel loro cammino attraverso lo spazio interplanetario possono incontrare anche i pianeti, alterando il loro eventuale campo magnetico e talvolta penetrando nelle loro atmosfere. Ora, il campo magnetico terrestre funziona proprio da scudo protettivo nei confronti di queste particelle, la maggior parte delle quali viene deviata lungo il bordo esterno della magnetosfera, mentre quelle più energetiche e dirette, una frazione piccola del flusso totale, per fortuna, riescono a penetrare all'interno di questa vera e propria armatura magnetica. Fra queste, solo una frazione ancora più piccola riesce a entrare in atmosfera direttamente dalle "aperture" in corrispondenza dei poli magnetici (il tallone di Achille della magnetosfera terrestre, anzi, di tutte le magnetosfere, anche di quella gioviana) e, dopo essere state accelerate proprio dal campo magnetico, riescono ad acquistare l'energia necessaria per dare vita al fenomeno aurorale, spiraleggiando lungo le linee di forza del campo magnetico terrestre in direzione dei due poli. È qui che, finalmente, danno origine alle aurore, grazie all'interazione con gli atomi e le molecole che compongono gli strati alti dell'atmosfera.

Le bande (o drappi), come si chiamano le caratteristiche apparenze delle aurore polari, a forma di cortine o drappeggi luminosi e colorati, talvolta quiescenti, altre volte mobili, sono costituite proprio dalla luce emessa dalle molecole atmosferiche eccitate dagli urti con le particelle del vento solare, e ogni specie atomica o molecolare produce luce di una colorazione specifica.

Come ogni cacciatore di aurore terrestri sa bene, sul nostro pianeta le aurore boreali si manifestano principalmente nella fascia geografica sopra il circolo polare artico, quindi alle alte latitudini (analogamente, quelle australi sono visibili a sud del circolo polare antartico). La zona di visibilità, centrata sui due poli magnetici, ha una forma vagamente circolare ed è chiamata ovale aurorale. Per Giove valgono considerazioni simili, naturalmente, a parte il fatto che i suoi ovali aurorali, ovviamente centrati sui rispettivi poli magnetici, sono dieci volte più estesi di quelli terrestri. Considerate le diverse caratteristiche fisiche e la diversa composizione chimica dell'atmosfera gioviana rispetto a quella terrestre, i fenomeni aurorali sono completamente diversi da quelli a cui è possibile assistere sulla Terra. Ecco perché ogni appassionato di aurore che si rispetti deve mettere in programma un viaggio verso Giove, almeno una volta nella vita.

LA TEMPESTA PERFETTA

Sia le osservazioni da Terra che, a maggior ragione, le missioni che hanno studiato il pianeta da vicino hanno evidenziato che l'atmosfera di Giove è molto dinamica e in continua evoluzione: si possono verificare temporali di una violenza incredibile, con fulmini e grandine... di cristalli di ammoniaca (mescolata con il ghiaccio d'acqua, a formare dei chicchi che gli scienziati hanno chiamato "mushballs", dal nome delle palle usate per una variante del softball, più grandi e più morbide di quelle impiegate nel baseball).

D'altra parte, la veloce rotazione del pianeta e la conseguente formazione di forti venti e intense correnti atmosferiche produce un'incredibile quantità di vortici, ovvero di strutture circolari rotanti, proprio come i cicloni (aree a bassa pressione) e gli anticicloni (aree ad alta pressione) che si osservano nell'atmosfera terrestre. Ma, data l'estensione e le caratteristiche fisiche dell'atmosfera gioviana, questi vortici hanno dimensioni che possono arrivare anche ad alcune migliaia di chilometri e durare addirittura qualche anno.

Fra questi, tuttavia, ce n'è uno che spicca in particolar modo: si tratta della **Grande Macchia Rossa** (chiamata amichevolmente GMR fra gli appassionati), che, come suggerisce il nome, è un'estesa formazione di colore rossastro che appare proprio come una macchia sovrapposta alla struttura a zone e bande descritta in precedenza. La GMR (o GRS, Great Red Spot, per dirla all'inglese) è talmente estesa e di colore così spiccatamente diverso rispetto allo sfondo da essere facilmente visibile anche con un piccolo telescopio amatoriale. E in effetti ha misure da record: ha un aspetto ovale – con l'asse maggiore parallelo alle fasce atmosferiche – con una superficie variabile che è arrivata a estendersi fino a contenere addirittura tre volte la superficie della Terra, anche se negli ultimi anni sembra che si stia lentamente riducendo, tanto che in tempi recenti ha una superficie "appena" confrontabile con quella del nostro pianeta. In ogni caso, sì, avete capito benissimo: quello che state vedendo dall'oblò dell'astrobus è il più grande vortice esistente nel Sistema Solare, uno spettacolo assolutamente imperdibile, non solo per gli appassionati di meteorologia planetaria.

Quando prenotate il viaggio, quindi, fate attenzione e chiedete esplicitamente un sorvolo ravvicinato della Grande Macchia Rossa, perché non tutte le compagnie di astroturismo lo prevedono nel pacchetto base! Alcune, infatti, considerano il sorvolo della GMR come se fosse un'escursione a parte, proprio come le visite ai vari satelliti, e aggiungono un sovrapprezzo a seconda della quota di sorvolo, nonostante le reiterate proteste delle associazioni di tutela dei consumatori. Per godere appieno della meraviglia occorre scendere almeno sotto i 10.000 chilometri di quota, proprio come fece la sonda della NASA *Juno* nel luglio 2017. Non è un caso se le foto più spettacolari della GMR che tappezzano le fiancate degli astrobus interplanetari sono tutte fatte da *Juno*. Al momento, comunque, resiste la totale "deregulation" dei prezzi sui viaggi oltre la fascia principale degli asteroidi.

Localizzata nell'emisfero meridionale del pianeta, la GMR è una zona di alta pressione, posizionata a quota più elevata e a temperatura molto più fredda di quelle delle zone circostanti, che ruota in senso antiorario con un periodo di circa 6 giorni. La maestosità di questo enorme anticiclone diventa ancora più incredibile se si pensa che esiste da almeno tre secoli e mezzo. Il primo a riportarne la presenza fu infatti l'astronomo italiano Giovanni Domenico Cassini (1625-1712), che la osservò nel 1665. Da quel momento, pur cambiando di dimensioni e talvolta anche di colore (in certi momenti si era talmente sbiadita da farne annunciare l'imminente scomparsa!), questa tempesta è sempre lì, tanto imponente da mettere in soggezione anche il meteorologo più scafato, il quale non potrà non domandarsi come faccia un vortice di questo tipo a resistere per così tanto tempo.

Ora, la spiegazione semplice in una certa misura siamo in grado di offrirla. Gli astronomi ipotizzano infatti che l'incredibile stabilità temporale di questo ciclone sia dovuta alla relativa omogeneità dell'ambiente sottostante, che è privo di ostacoli, come lo sono invece i continenti o comunque la terraferma sul nostro pianeta, capaci per esempio di causare il rapido esaurimento degli uragani tropicali. Alcuni ricercatori si sono addirittura spinti a pensare che questa struttura, che appare sostanzialmente indipendente dal resto dell'atmosfera gioviana, sia permanente, altri invece pensano che possa arrivare a esaurirsi, anche se nessuno purtroppo sa da quanto tempo esista. Né si sa a che cosa debba il suo colore così caratteristico, né da che cosa dipendano le variazioni cromatiche che periodicamente si osservano, anche se è probabile che colore e variazioni siano dovuti a reazioni chimiche in cui partecipano elementi come zolfo e fosforo, oltre a molecole di idrocarburi.

Ma, fra i tanti misteri ancora da risolvere sulla GMR, ce n'è uno in particolare, su cui gli scienziati si arrovellano: che cosa alimenta questa tempesta, caratterizzata da venti che superano addirittura 600 chilometri orari? Sulla Terra, infatti, a fornire energia agli uragani c'è il calore degli oceani sottostanti, ma su Giove non esiste un meccanismo analogo. Ci si aspetta che un contributo possa senz'altro venire dal calore trasportato dal materiale in risalita, proveniente dagli strati più bassi, ma parte dell'energia necessaria a questa tempesta per rimanere in rotazione è senz'altro fornita dagli altri innumerevoli vortici che, trovandosi a passare nelle vicinanze della GMR, vengono letteralmente "fagocitati" al suo interno: una scena che si ripete continuamente, e che mostra la potenza di questa vera e propria "tempesta perfetta".

GALILEO, IL CANNOCCHIALE E UNA MIRABILE SCOPERTA

Nell'autunno del 1609 Galileo Galilei, dal giardino della sua abitazione nei pressi dell'Università di Padova, dove all'epoca aveva un prestigioso incarico come "dottore di matematica", inizia a puntare un cannocchiale di sua costruzione verso la volta celeste. Si può affermare senza ombra di smentita che l'astronomia moderna nasce in quelle notti che Galileo trascorre al freddo, ad appuntarsi metodicamente tutte le osservazioni, godendo di un cielo buio e limpido, privo dell'inquinamento luminoso che ormai affligge le nostre città. Lo scienziato pisano si accorge presto che l'Universo che vede attraverso le lenti di quello strumento è molto diverso da quello conosciuto fino ad allora. Ma una, in particolare, è la scoperta che più lo sconvolge. È lui stesso a scrivere che questa "supera di gran lunga ogni immaginazione", e ne ha tutte le ragioni. Attorno a Giove orbitano infatti "quattro stelle erranti", che di notte in notte cambiano posizione rispetto al pianeta, senza tuttavia allontanarsene mai. Per Galileo è immediato pensare che si tratti di un sistema solare in miniatura, con Giove al centro e quattro satelliti che gli orbitano attorno. Peccato che questa ipotesi si scontri con il modello geocentrico di Universo proposto da Aristotele e perfezionato dall'astronomo alessandrino

Claudio Tolomeo (100-170 circa), secondo cui la Terra è al centro dell'Universo e tutti gli astri si muovono attorno a essa. Pochi anni prima, nel 1600, proprio per aver criticato il modello geocentrico, il filosofo Giordano Bruno (1548-1600) era stato condannato come eretico e arso vivo in piazza del Campo de' Fiori, a Roma, oggi sede di un vivace mercato, all'epoca luogo prescelto dal Tribunale dell'Inquisizione come sede delle esecuzioni capitali.

Ma la scoperta è troppo importante per tenerla nascosta. L'osservazione di corpi che non orbitano attorno alla Terra, ma attorno a un altro corpo celeste, è un importante supporto a favore della teoria eliocentrica proposta da Copernico, secondo cui al centro dell'Universo non si trova il nostro pianeta, ma il Sole. Ecco quindi che Galileo decide di renderla pubblica, assieme alle altre straordinarie scoperte astronomiche realizzate fra la fine del 1609 e il gennaio 1610 con le sue osservazioni al cannocchiale, come quella che la Luna non è una sfera perfetta, ma è butterata di crateri e montagne. Il 12 marzo 1610 viene pubblicato a Venezia in 550 esemplari il *Sidereus Nuncius*, il "nunzio sidereo" (traducibile anche in "messaggero celeste"), con impressa la dedica a Cosimo II de' Medici (1590-1621), granduca di Toscana, a cui Galileo dedica proprio i quattro satelliti di Giove, chiamandoli **stelle medicee** (e noi, ora, in suo onore, li chiamiamo **satelliti galileiani**). Il libro, scritto in latino, non è di molte pagine, e riporta incise le figure degli schemi, dei disegni e degli (splendidi) acquarelli fatti da Galileo durante le osservazioni, tanto da essere modernamente considerato non solo un'opera scientifica, ma anche artistica. Ma è soprattutto per il suo contributo all'avanzamento della conoscenza scientifica che il *Sidereus Nuncius* è giustamente inserito nel ristretto elenco dei libri più influenti della storia dell'umanità.

LE STELLE MEDICEE

Io, **Europa**, **Ganimede**, **Callisto**: questi sono i nomi dei quattro satelliti dietro la mirabile scoperta di Galileo (che in realtà nei suoi disegni li indicava rispettivamente con i numeri romani I, II, III e IV). Il granduca, che prima di salire al trono della Toscana era stato appunto allievo di Galileo, fu così colpito dalla scoperta – e dalla dedica – tanto da chiamare subito Galileo alla sua corte a Firenze, con il titolo di "Primario matematico" dello Studio di Pisa e dello stesso granduca. Ma il prestigio e la gloria erano ormai tali e tanti – nonostante la presenza di forti oppositori, naturalmente – che Galileo poteva permettersi di chiedere qualunque cosa al granduca, come vedersi conferito il titolo di "Filosofo granducale", non avere l'obbligo di insegnamento e potersi dedicare unicamente alle ricerche di proprio interesse. Tutte cose che Cosimo II concesse senza battere ciglio, oltre a garantire allo scienziato uno stipendio di alto livello. La Storia ci racconta che a Galileo non andò poi male come a Giordano Bruno, ma nemmeno benissimo, processato e costretto a vivere gli ultimi anni della sua vita agli "arresti domiciliari" in una villa, chiamata "Il Gioiello", sul colle di Arcetri, a sud di Firenze, lo stesso colle che secoli dopo venne scelto per ospitare l'omonimo osservatorio astrofisico. Nel caso in cui, di ritorno dal vostro viaggio interplanetario, facciate sosta a Firenze, la vostra guida si permette di suggerirvi anche una visita all'ultima dimora di Galileo.

Ma torniamo ai quattro satelliti galileiani che saranno, come avrete intuito, doverosa meta di altrettante escursioni. La loro danza attorno al gigante gassoso è splendida da osservare anche da terra: i quattro satelliti sono infatti facilmente visibili anche con piccoli strumenti, come dimostra appunto la scoperta fatta da Galileo, e vederli cambiare di posizione reciprocamente e rispetto al pianeta di notte in notte fa comprendere molto bene i loro movimenti orbitali. Io, il più vicino al pianeta (ne dista circa 400.000 chilometri, come la Luna dalla Terra), impiega meno di 2 giorni a completare una rivoluzione, mentre Callisto, il più distante dei quattro (orbita a circa 1.900.000 chilometri di distanza dal pianeta), ci mette quasi 17 giorni. Nel mezzo, Europa e Ganimede, che impiegano oltre 3,5 giorni e poco più di una settimana, rispettivamente. Fra l'altro, questi movimenti ispirarono anche la prima misura di quella che adesso sappiamo essere una costante fondamentale della Natura: la velocità della luce.

TEMPI DI REAZIONE

Il primo a proporre un metodo per misurare la velocità della luce fu proprio Galileo, che lo introdusse nella forma "divulgativa" del dialogo, cara a tanti scrittori, nella sua opera *Discorsi e dimostrazioni matematiche intorno a due nuove scienze attenenti alla meccanica e i movimenti locali*, pubblicata a Leida (Paesi Bassi) nel 1638. In quest'opera Galileo riprende i personaggi già introdotti nel celebre *Dialogo sopra i due massimi sistemi del mondo*, pubblicato nel 1632, in lingua italiana, con l'obiettivo di estendere il proprio pubblico e non limitarsi solo agli accademici come aveva fatto con il *Sidereus Nuncius*. Il *Dialogo* discute e mette a confronto il sistema tolemaico, geocentrico, con quello copernicano, eliocentrico, evidenziando in particolare le gravi pecche del primo e i grandi meriti del secondo. I personaggi che conversano sono tre signori veneziani appassionati di scienza, rappresentanti diversi punti di vista: Salviati, per bocca del quale Galileo espone il suo modo di intendere le cose, Simplicio, il rappresentante della scienza "ufficiale" di allora, cioè quella aristotelica, e Sagredo, un intelligente laico, che, per la verità, non rispetta molto la sua posizione di moderatore, tifando palesemente per le opinioni espresse da Salviati e mettendo spesso in imbarazzo Simplicio, il quale, da parte sua, non brilla per intelligenza. D'altra parte il compito del nostro scienziato era chiaro: smantellare alle fondamenta tutta la fisica e la cosmologia aristoteliche e in questa sua opera, lo dimostrano i fatti, fu effettivamente convincente.

L'idea di Galileo – espressa nei *Discorsi* per bocca del suo alter-ego Salviati – per misurare la velocità della luce è davvero molto semplice. Si tratta infatti di mettere due sperimentatori ad alcune miglia di distanza l'uno dall'altro e dotarli ciascuno di una lanterna. Quando il primo scopre la propria lanterna, la luce viaggia fino al secondo, il quale risponde istantaneamente (i due devono essere addestrati ad avere tempi di reazione molto rapidi, come spiega anche Galileo per bocca di Salviati) scoprendo la propria. La luce della seconda lanterna arriva dunque al primo, che può così idealmente misurare il tempo intercorso fra i due viaggi di andata e ritorno della luce e calcolarne la velocità. Il dialogo sull'argomento termina così:

> *SAGREDO – L'esperienza mi pare d'invenzione non men sicura che ingegnosa. Ma diteci quel che nel praticarla avete concluso.*
>
> *SALVIATI – Veramente non l'ho sperimentata, salvo che in lontananza piccola, cioè manco d'un miglio, dal che non ho potuto assicurarmi se veramente la comparsa del lume opposto sia istantanea.*

LA VELOCITÀ DELLA LUCE E L'IO OCCULTATO DI RØMER

Così Galileo, ben consapevole della scarsa sensibilità delle sue operazioni di misura, nel 1638 dichiarava la sua incapacità di determinare a quale velocità si propagasse la luce. A partire dal nostro grande scienziato, molti altri si sono dedicati negli anni a cercare di misurare la velocità di propagazione della luce, la cui natura ha affascinato generazioni di studiosi, filosofi e scienziati.

Fu comunque non molto tempo dopo, nel 1675, che l'astronomo danese Ole Christensen Rømer (1644-1710) riuscì a determinare per la prima volta il valore di *c* (dall'iniziale del termine latino *celeritas*, velocità), e si può senz'altro dire che, in un certo senso, fu proprio Galileo a fornirgli lo spunto. Rømer infatti, per effettuare la sua misura, impiegò le osservazioni dei satelliti medicei scoperti 65 anni prima dallo stesso Galileo. Lo scienziato danese notò che il tempo di apparizione e di successiva sparizione di una delle suddette lune – Io, in particolare – dietro il disco del pianeta non era sempre lo stesso, ma dipendeva dalla stagione dell'anno in cui effettuava la misura: egli attribuì allora questo fatto al moto di rivoluzione della Terra intorno al Sole.

Concettualmente, anche la misura di Rømer è semplice, ma, a differenza di quella di Galileo, ha la fortuna di beneficiare di distanze molto più consistenti, tenendo conto che la distanza media fra la Terra e Giove è circa 800 milioni di chilometri (a causa dei moti orbitali dei due pianeti, questa distanza non è ovviamente costante, e oscilla da un minimo di circa 600 milioni di chilometri a un massimo di quasi un miliardo di chilometri).

Consideriamo infatti il periodo dell'anno in cui il nostro pianeta si sta muovendo verso Giove: se al momento dell'apparizione di uno dei satelliti la distanza che ci separa da questo è D, al momento della successiva scomparsa dietro il disco di Giove la distanza Terra-satellite si sarà ridotta di un tratto d, percorso dalla Terra nel frattempo. La luce dovrà quindi percorrere adesso un tratto più breve, e precisamente lungo (D-d). Quando la Terra si trova dalla parte opposta della sua orbita, la situazione è completamente ribaltata. Al momento della sparizione del satellite la Terra si sarà invece allontanata della stessa distanza d rispetto al momento dell'apparizione (in cui supponiamo nuovamente la distanza Terra-satellite pari a D), e la luce dovrà adesso percorrere un tratto lungo (D+d). Se la luce si fosse propagata con velocità infinita, Rømer non avrebbe notato nessuna differenza di tempo nelle due situazioni; d'altra parte era invece evidente la maggior lunghezza del periodo di visibilità di un satellite nelle condizioni in cui la Terra si allontanava da Giove rispetto a quando si avvicinava. Dalle misure dei ritardi osservati, conoscendo le caratteristiche orbitali della Terra, di Giove e dei satelliti medicei, l'astronomo danese poté dedurre una velocità della luce di circa 220.000 chilometri al secondo, con un errore di poco superiore al 25% rispetto al valore oggi accettato, incertezza da ritenersi incredibile per i mezzi di allora. La presentazione delle misure da lui effettuate, svolta all'Accademia Francese delle Scienze il 22 Novembre 1675, fu ben accolta, segno ormai che i tempi erano cambiati, e rappresenta uno dei tanti importanti contributi che l'astronomia ha fornito allo sviluppo delle scienze fisiche.

A titolo di cronaca, per avere la prima misura, come dire, "terrestre" della velocità della luce, bisognerà attendere ancora quasi due secoli, e precisamente il 1849, con il fisico parigino Armand Hippolyte Louis Fizeau (1819-1896), il quale, come lo presentava uno storico della scienza del secolo scorso, era un "bell'esempio di quei pochi ricchi signori, che ai dubbi piaceri della vita elegante preferiscono la soddisfazione degli studi" (Pitoni, 1911). E gli amati studi lo condussero per primo a ottenere una misura sufficientemente accurata di *c* sulla limitata distanza di 8633 metri, quella che separava (e separa tuttora) la località di Suresnes, alla periferia di Parigi, dalla splendida collina di Montmartre. Il metodo da lui utilizzato, descritto in un qualsiasi libro di fisica – a differenza di quello di Rømer, relegato a pochi testi per appassionati – è quello notissimo della ruota dentata che, messa in rapido movimento permetteva o no di scorgere il riflesso di un raggio di luce posto appunto a circa 8,5 km di distanza. Con tale metodo, che ricalcava sostanzialmente l'esperienza di Galileo espressa per bocca del suo alter-ego Salviati nel dialogo sopra citato (ma senza l'incognita dei tempi di reazione degli sperimentatori), Fizeau ottenne un valore di *c* sorprendentemente vicino a quello attuale: 313.000 chilometri al secondo. Il suo collega, concittadino e amico Jean Bernard Léon Foucault (1819-1868; lo stesso del pendolo, diventato noto al grande pubblico anche grazie al celebre romanzo di Umberto Eco, 1932-2016), come Fizeau, migliorò in seguito il metodo, sostituendo alla ruota dentata uno specchio rotante e permettendo così la misura su distanze ancora inferiori.

Da quel momento generazioni di fisici si sono susseguite nel tentativo, apparentemente senza fine, di migliorare la determinazione di quella che si è appunto dimostrata, a dispetto di tanti, una delle costanti fondamentali della natura. Come sostengono gli autori di un noto manuale di fisica, le misure della velocità della luce effettuate dal tempo di Galileo sono a oggi "come un monumento della perseveranza e dell'ingegno umano".

Per amore di completezza, adesso la velocità della luce è considerata un campione fondamentale ed è esattamente definita pari a 299.792.458 metri al secondo – approssimata ai famosi "trecentomila chilometri al secondo" – mentre il metro diventa unità di misura derivata: quindi ogni esperimento del tipo descritto sopra non serve più a misurare la velocità della luce, ma la distanza percorsa!

AMANTI (DI OGNI GENERE)

Nel momento in cui scriviamo questa guida, il numero di satelliti confermati di Giove è pari a 79, secondo solo a quello di Saturno, che attualmente ne conta 82. A circa la metà è stato assegnato un nome, attingendo dai numerosi personaggi della mitologia greca, partendo prima dagli amanti di Giove per passare poi ai discendenti (figlie e nipoti, in particolare). Secondo la mitologia, infatti, sembra che Giove avesse problemi a controllare i propri impulsi sessuali, tanto che fra mogli e amanti (sia immortali che mortali) si contano diverse decine di relazioni, fra cui alcune di tipo omosessuale (come quella con il giovane Ganimede, che Giove premiò trasformandolo in coppiere degli dèi).

A dare i nomi ai quattro satelliti scoperti da Galileo fu nel 1614 l'astronomo tedesco Simon Mayr (meglio noto con il nome latinizzato di Simon Marius, 1573-1624), nella sua pubblicazione *Mundus Iovialis*, scegliendo – pare su suggerimento di Keplero – quattro celebri amanti del signore degli dèi: la sacerdotessa Io, la principessa Europa, il già citato coppiere Ganimede, la ninfa Callisto. Per inciso, Simon Mayr dichiarò anche di essere il vero autore della scoperta dei satelliti di Giove, entrando in forte contrasto con Galileo. Ricerche storiche hanno stabilito che con ogni probabilità Mayr osservò davvero i satelliti in maniera indipendente, ma annotò la sua scoperta almeno un giorno dopo le osservazioni di Galileo, che datò il primo disegno al 7 gennaio 1610. Curiosamente, passarono quasi tre secoli prima che venisse scoperto un quinto satellite: fu grazie all'astronomo statunitense Edward Emerson Barnard (1857-1923) – autore anche della scoperta, nel 1916, della stella che si sposta più velocemente in cielo, chiamata appunto "stella di Barnard" – che nel 1892 ai satelliti galileiani si aggiunse **Amaltea**.

È ovvio che fra le decine di satelliti di Giove, un posto di particolare rilievo sia occupato proprio dai quattro satelliti galileiani, le cui superfici sono state osservate e studiate in maniera approfondita grazie a diverse missioni interplanetarie, rivelando da un lato dettagli di notevole interesse per i planetologi, dall'altro paesaggi unici, ognuno diverso dall'altro e per questo meritevoli di escursioni. Anche in questo caso, occorre fare attenzione al tipo di esperienza che si intende fare, perché si può andare dal semplice fly-by, ovvero il sorvolo a distanza ravvicinata, all'ingresso in orbita per osservare tutta la superficie del satellite, fino addirittura all'atterraggio con annessa esplorazione diretta del terreno e dei paesaggi circostanti.

Chi, fra i lettori di questa guida, è appassionato di vulcani, preferibilmente attivi, deve assolutamente mettere in conto l'escursione con atterraggio su **Io**, il satellite mediceo più vicino a Giove. Su questa luna, infatti, si osserva la più intensa attività vulcanica di tutto il nostro sistema planetario, prodotta da centinaia di vulcani e caldere attive, che generano incessanti colate laviche, alcune estese anche per centinaia di chilometri, che coprono – e rinnovano – ampia parte della crosta superficiale del satellite. Questo è il motivo per cui su Io i crateri da impatto sono molto rari, e quelli più antichi sono stati ormai riempiti e coperti dalla lava.

Oltre alle rocce nere, tipiche dei paesaggi vulcanici anche sulla Terra, i colori di Io, facilmente visibili nelle immagini raccolte da varie missioni spaziali, variano dal rosso, all'arancio, al giallo, riflettendo quelli che sono i composti dello zolfo più o meno abbondanti nelle diverse zone. È ovvio che qui, come pure sulle altre lune, l'astrobus con cui avete intrapreso la crociera non può scendere, ma occorrono appositi tender – messi a disposizione dalle agenzie turistiche locali, specializzate in passeggiate notturne per andare a osservare le discese delle colate di lava – resistenti alle alte temperature e alle sostanze corrosive che si incontrano con certezza su questa luna.

Questa condizione di Io, leggermente più grande della "nostra" Luna, ma dove si trovano montagne più alte di quelle terrestri (**Boösaule Montes** arriva sino a 17.500 metri di altezza, più di due volte l'altezza del nostro Everest), è dovuta alla sua estrema vicinanza al pianeta, la cui gravità è capace di "scuotere" anche il corpo solido di Io… che in realtà completamente solido non è, proprio a causa delle intense forze di marea, che agiscono sulla luna comprimendola e allungandola di continuo (a questa azione contribuiscono in parte anche le altre lune). Questo processo ha, come conseguenza, il riscaldamento dell'interno del satellite, che non riesce mai a completare la solidificazione. Le rocce fuse e calde spingono quindi per emergere in superficie, creando i vulcani da cui poi fuoriescono come lava. In alcuni casi, la violenza delle eruzioni spinge lapilli e lava fino ad alcune centinaia di chilometri di altezza. Come abbiamo visto in precedenza, parte di questi materiali viene catturata dal campo magnetico di Giove e va ad alimentare le magnifiche aurore polari del pianeta.

Proprio uno di questi pennacchi di lava fu all'origine della scoperta dell'attività vulcanica di Io. Fu grazie alla sonda *Voyager 1*, nel 1979, che venne osservato un pennacchio sollevarsi per oltre 300 chilometri dalla superficie di Io. Ulteriori indagini mostrarono che questo pennacchio, seppure non persistente, era originato da quello che adesso sappiamo essere un enorme vulcano attivo, chiamato **Pele** (in onore della dea hawaiana dei vulcani), secondo per dimensioni solo al marziano Olympus Mons. Anche Pele è un vulcano a scudo, come quelli hawaiani, appunto, con un diametro alla base di

1400 chilometri e un cratere di 30 chilometri per 20 chilometri. In realtà, le osservazioni mostrano che l'attività vulcanica è limitata ad alcuni "punti caldi" lungo i margini e non a tutto il cratere. L'ipotesi è che il cratere sia in realtà un grande lago di lava solidificata e che questi punti caldi siano le aree in cui la crosta si rompe e lascia uscire in superficie nuova lava che va a coprire lo strato precedente, anche con fenomeni spettacolari come le fontane di lava.

Se dopo aver visitato il vulcano Pele non siete ancora stanchi (né accaldati, né devastati dalla quantità di radiazioni assorbita passeggiando sulla superficie di Io!), potete chiedere alla vostra guida di condurvi anche a visitare il vulcano a caldera più grande in assoluto del Sistema Solare: è la **Loki Patera**, di 200 chilometri di diametro, un lago di lava incandescente al centro del quale si trova addirittura un'isola, dove però si può arrivare solo dopo aver ottenuto un permesso speciale dalle autorità di Io, essendo un'area protetta (e protetta molto bene, in effetti!). Il nome, come quello di altre caratteristiche morfologiche presenti sulla superficie di Io, trae ispirazione dalla mitologia nordica, come ben sanno i cultori dell'Universo Marvel, dove Loki è figlio di Odino e fratellastro del dio del tuono Thor, oltre che uno dei più temibili supercriminali mai creati da Stan Lee (1922-2018), il fervido inventore di supereroi a fumetti. Nella mitologia, Loki è invece il dio dell'inganno e associato al fuoco, da cui il nome adattissimo attribuito alla caldera di Io, che vista da lontano sembra un lago, ma in realtà non lo è. Anzi, non state a cercare acqua. Su Io è praticamente assente, e anche questa è una caratteristica unica, probabilmente fatta evaporare dal calore prodotto dalle eruzioni vulcaniche. Se vi viene sete, l'unica àncora di salvezza sono le borracce che sperabilmente vi siete portati dietro in grande quantità (anche se alcuni tender di lusso hanno i distributori gratuiti).

Visto da Io, Giove è un disco enorme, imponente, che ingombra gran parte del cielo... a patto di trovarsi sull'emisfero giusto del satellite! Già, perché, come accade per la nostra Luna, anche Io – assieme agli altri satelliti galileiani – ha il periodo di rotazione sincronizzato con quello di rivoluzione. Questo significa che ha un emisfero sempre rivolto verso il pianeta, mentre l'altro punta sempre in direzione opposta. In ogni caso, se siete sulla faccia rivolta a Giove, vi capiterà talvolta di vedere muoversi sulla superficie del pianeta uno o più dischetti neri: sono le ombre dei satelliti proiettate dal Sole sulle nubi gioviane. Queste **eclissi**, precedute e seguite da **occultazioni**, ovvero da momenti in cui è il disco di Giove a nascondere completamente alla vista i satelliti, sono osservabili anche dal nostro pianeta, ma è ovvio che assistere a un'eclisse solare prodotta dalle "lune medicee" stando in orbita attorno al pianeta deve avere tutto un altro effetto!

Per inciso, se vi trovate sulla faccia di Io rivolta verso Giove, vedrete il pianeta occupare il 5 per cento del vostro cielo, presentandosi con un diametro apparente pari a quasi 40 volte quello della nostra Luna piena. Ma ancora più incredibile deve essere la visione di Giove da **Metis**, il più interno del sistema di satelliti. Visto dalla sua superficie, il gigante gassoso ha un diametro apparente 130 volte maggiore di quello della Luna piena e ingombra quasi il 20 per cento del cielo del satellite. Nella fase di "Giove pieno", la luce del pianeta illumina la superficie di Metis con un'intensità diverse migliaia di volte maggiore di quella di un plenilunio sulla Terra. In pratica, durante le notti di Giove pieno, ci si può tranquillamente spostare su Metis senza bisogno di illuminazione artificiale (ma tutta questa luce notturna potrebbe essere un problema per chi soffre di disturbi del sonno)!

Europa, che solo incidentalmente condivide il nome con il nostro caro vecchio continente, è un mondo completamente diverso. A differenza del vulcanico Io, infatti, la sua superficie è una spessa lastra di ghiaccio d'acqua, bianca, liscia, praticamente priva di rilievi o avvallamenti, se si esclude qualche residuo di cratere meteorico recente. Insomma, è il luogo ideale per una vacanza se si è appassionati di pattinaggio sul ghiaccio. Pensate che meraviglia poter fare una lunga pattinata sul satellite, anche di decine o centinaia di chilometri, senza incontrare alcun ostacolo... anche se, attenzione, talvolta il ghiaccio è spezzato in lastroni galleggianti (un po' come nel Mar Glaciale Artico) e diventa pericoloso. Dalle fratture emerge acqua proveniente dallo strato sottostante, che deve essere ricca di elementi chimici, perché, quando evapora, lascia depositi di un intenso colore bruno-rossastro. Lo scontro fra lastroni è in grado di sollevare il ghiaccio, producendo dei piccoli rilievi, che non superano mai le poche centinaia di metri. Osservato da vicino, quindi, Europa vi apparirà come un'enorme sfera ghiacciata, leggermente più piccola della nostra Luna, solcata da lunghe tracce colorate, costituite appunto dai minerali portati in superficie dall'acqua che sgorga dalle fratture fra i lastroni.

Proprio quest'acqua che emerge dalle profondità della luna fa pensare che su Europa, sotto lo spesso strato di crosta ghiacciata, si possa trovare un profondo **oceano** di acqua liquida, ricca di sali minerali e chissà quali altri elementi chimici, probabilmente riscaldata non solo dalle forze mareali prodotte dalla sua vicinanza a Giove (all'origine delle fratture della crosta ghiacciata), ma anche dalla presenza, sul fondale, di vulcani sottomarini o bocche idrotermali. Ecco perché molti ricercatori si stanno interessando a questa luna. Per molti, infatti, l'oceano di Europa è uno dei luoghi del Sistema Solare in cui potrebbe essersi formata la vita, almeno nel modo in cui la conosciamo. Gli ingredienti di base, infatti, ci sono tutti, e anche in abbondanza: acqua liquida (addirittura si stima che su Europa ci sia molta più acqua di quella presente sulla Terra), elementi chimici e sorgenti di energia. Non preoccupatevi, quindi, se nelle vostre peregrinazioni sul ghiaccio vedete emergere da una frattura chissà quale creatura marina dalle forme inquietanti: potreste essere in presenza della prima forma di vita aliena mai conosciuta. E voi potreste quindi essere i primi fortunati scopritori. Se poi volete partecipare attivamente alla ricerca, non vi resta che scavare il ghiaccio superficiale fino ad arrivare all'oceano sotterraneo e immergervi nelle sue acque dense e scure. Ma attenzione, non è sufficiente essere grandi esperti di immersioni subacquee, né sono utili scafandri da palombaro: l'unico modo per muoversi a quelle profondità (e a quelle pressioni, quindi) è scendere con un batiscafo. Ma, nel momento in cui stiamo scrivendo questa guida, nessuna compagnia turistica propone batiscafi da noleggiare per escursioni oceanografiche su Europa. Potreste avviare voi una start-up: magari fra qualche anno, quando avremo la certezza che l'oceano di Europa è popolato da incredibili creature abissali, il vostro mercato non sarà più di nicchia (anche perché in ambito "luxury") e in molti vorranno vedere in prima persona i "pesci alieni"! Purtroppo, però, non abbiamo ancora la certezza che esista l'oceano, per cui al momento possiamo solo lavorare con la nostra immaginazione.

La terza escursione della nostra lunga (e costosa!) crociera attorno al Sistema Solare in miniatura rappresentato dai satelliti medicei in orbita attorno al gigante gassoso ci porta su **Ganimede**, il più grande non solo dei quattro, ma di tutto il Sistema Solare. Come dimensioni, Ganimede è addirittura più grande di Mercurio, ma, alla prova dei fatti (che poi significa banalmente applicare la terza legge di Keplero al sistema Giove-Ganimede), è molto meno "pesante": Ganimede ha infatti una massa pari alla metà di quella del pianeta più vicino al Sole. Come potete immaginare, questo significa che è prevalentemente composto da materiali più leggeri rispetto ai metalli come il ferro che troviamo in abbondanza nei pianeti terrestri come Mercurio, appunto. E, trovandosi in una regione dello spazio in cui evidentemente l'acqua abbonda (ce lo dimostra Europa!), da che cosa può essere composto Ganimede, se non da acqua? E infatti, il satellite mediceo dedicato al coppiere degli dèi non solo ha una crosta solida risultato di un "mix" di rocce e ghiaccio, ma – udite, udite! – potrebbe avere anch'esso un oceano sotterraneo di acqua liquida, proprio come Europa!

La superficie rocciosa di Ganimede è butterata di crateri, creste, rilievi e lunghi avvallamenti, che si presentano sotto forma di scanalature, note con il nome di **solchi**. Alcune zone, di colorazione scura, sono più ricche di crateri, quindi più vecchie; altre, più chiare e più estese, ne hanno meno, sono pertanto di formazione più recente. Queste aree chiare, che assomigliano ai mari lunari, sono in effetti regioni originate da attività tettonica o da violenti impatti meteorici... ma i bacini, invece di riempirsi di lava fusa, come accaduto sulla Luna, si sono riempiti di acqua sciolta dall'impatto e poi nuovamente solidificata, viste le temperature estremamente basse presenti sulla superficie del satellite.

Fin qui potreste pensare che Ganimede, a parte l'oceano sotterraneo, non abbia grandi motivi d'interesse per l'astroturista occasionale. Ma ovviamente vi sbagliate. Perché dopo le aurore terrestri e quelle gioviane, è qui che potete nuovamente assistere a questo meraviglioso spettacolo della natura. A dirvela tutta, infatti, Ganimede un po' di ferro deve averlo, nel suo nucleo centrale, perché all'esterno presenta un campo magnetico proprio che altrimenti non potrebbe esistere. Ed è grazie a questo campo magnetico – e a una tenue atmosfera, dove è presente anche l'ossigeno molecolare – che il più grande dei satelliti galileiani può produrre i **fenomeni aurorali**, oltre che interagire con il campo magnetico di Giove.

Quarto in ordine di distanza dal pianeta, ma secondo per dimensioni dopo Ganimede (e terzo in assoluto del Sistema Solare, dopo Ganimede, appunto, e Titano, il più grande satellite di Saturno), è **Callisto**, il satellite dalla superficie più antica e più pesantemente craterizzata del Sistema Solare. A guardarlo dall'oblò del nostro astrobus mostra una crosta rocciosa e interamente coperta di crateri, senza manifestazioni di attività vulcaniche e tettoniche come quelle mostrate dagli altri tre "compagni di brigata". Però sappiamo che anche Callisto, con un massa pari a un terzo di quella di Mercurio, pur avendo dimensioni confrontabili, è composto non solo da rocce, ma anche da molta acqua, che in superficie si manifesta come ghiaccio, ma che, nel sottosuolo, potrebbe trovarsi allo stato liquido, esattamente come su Europa e Ganimede. Tuttavia, l'eventuale oceano sotterraneo di Callisto sarebbe molto più in profondità, conterrebbe molta meno acqua e, secondo alcuni, potrebbe anche non esistere.

Ma per gli astroturisti del sistema gioviano resta comunque una tappa fondamentale, anche per una questione squisitamente economica. Molti "tour operator" offrono infatti pacchetti completi che prevedono le escursioni verso tutte le quattro lune galileiane a prezzi significativamente scontati rispetto a quelli che si trovano acquistando le singole escursioni (alcuni operatori particolarmente "aggressivi" sono entrati sul mercato turistico del sistema gioviano offrendo sconti addirittura del 30 per cento: in pratica un'escursione è gratuita!). In ogni caso, l'atterraggio su Callisto, che ha anche una tenue atmosfera composta essenzialmente da biossido di carbonio, vi permette di toccare rocce con un'età superiore a 4 miliardi di anni, di passeggiare dentro crateri creati da prolungati bombardamenti di comete e asteroidi, di vedere da vicino increspature create da onde di acqua surgelata, di stare – finalmente – su una superficie geologicamente stabile e su una luna dove il livello di radiazioni particellari spinte dal campo magnetico gioviano è ai suoi livelli più bassi (addirittura più bassi di quelli che si misurano sul nostro pianeta). Callisto si trova infatti appena al di fuori della fascia di radiazione di Giove, per cui la sua interazione con la magnetosfera gioviana è molto limitata.

Per tutti questi motivi, che lo rendono potenzialmente più "abitabile" degli altri satelliti galileiani, Callisto è considerato da molti esperti uno dei possibili avamposti per la colonizzazione umana dello spazio e, in particolare, per lo studio ravvicinato del sistema gioviano. Callisto potrebbe così diventare non solo meta astroturistica, ma laboratorio di ricerca, area di riposo, stazione di rifornimento e base di lancio verso altre mete più lontane del Sistema Solare, approfittando anche della spinta gravitazionale di Giove. Chissà che dopo la vostra visita non vogliate offrirvi come volontari per la sua colonizzazione!

Con Callisto, le escursioni nel sistema gioviano sono terminate e potete quindi riprendere il vostro viaggio interplanetario, ma... aspettate, qualcuno ha volto lo sguardo all'indietro dall'oblò di coda e ha lanciato un grido di meraviglia. Che cosa avrà mai visto? Sta urlando: "Anelli!", ma voi sapete benissimo di trovarvi attorno a Giove, e non in prossimità di Saturno. Un'allucinazione? Assolutamente no, perché anche Giove ha un suo **sistema di anelli** (figuriamoci se il signore degli dèi si faceva mancare anche questo!), che venne casualmente scoperto dalla sonda *Voyager 1*. Difficilmente le guide turistiche parlano degli anelli di Giove, che sono molto scuri e non particolarmente estesi, e di conseguenza molto meno luminosi ed evidenti di quelli di Saturno. L'idea che si sono fatti i ricercatori è che siano essenzialmente costituiti da piccoli frammenti di materiale roccioso con scarso potere riflettente a differenza di quelli di Saturno, che sappiamo essere prevalentemente composti da ghiaccio, e pertanto capaci di riflettere molto bene la luce solare.

Gli anelli di Giove non offrono quindi un grande spettacolo, ma sono comunque un modo elegante, e in un certo senso sorprendente, del pianeta di salutare l'astroturista e di lasciargli l'impressione di non aver visto tutto quello che c'era da vedere. E in effetti è proprio così. Ma altre mete ci attendono, e, statene certi, saranno almeno altrettanto (se non più) sorprendenti di quelle appena visitate!

CAPITOLO 6

IL VERO "SIGNORE DEGLI ANELLI"

Gli anelli sono sempre associati alle promesse. E Saturno, con il suo unico e inimitabile sistema di anelli, promette di dare spettacolo anche guardandolo da lontano, con un piccolo telescopio amatoriale. Immaginatevi allora come deve essere vedere gli anelli da vicino! Il viaggio è lungo – avrete tutto il tempo di leggervi l'intera saga del *Signore degli Anelli* di J.R.R. Tolkien (1892-1973), anche più di una volta – ma quando arriverete a destinazione vi troverete davanti il vero "Signore degli Anelli": il gigante gassoso con un sistema di anelli che non ha pari nel nostro Sistema Solare.

SATURNO

PIANETA

Massa: 95,16 volte quella della Terra
Raggio medio: 58.232 km
Temperatura efficace: -178 °C
Durata del giorno: 10,66 ore
Durata dell'anno: 29,48 anni terrestri
Numero di satelliti: 82 (confermati)
Sistema di anelli planetario: sì

L'astroturista che si imbarca su un volo verso Saturno sa che il costo del viaggio – sempre e comunque elevato, anche quando si tratta di voli charter o compagnie low cost, proliferate nel lungo periodo di "deregulation" sui livelli di servizi essenziali da considerare compresi nel biglietto base di un volo interplanetario – verrà ampiamente ripagato da una delle esperienze più incredibili che si possano provare, almeno nel nostro sistema planetario. E poi, non dimenticatevi comunque che Saturno, oltre agli anelli, è un **gigante gassoso** di tutto rispetto (il secondo dopo Giove) e con il più imponente corteo di **satelliti** di tutto il Sistema Solare: ne ha addirittura più di Giove: 82 contro 79! È vero, sembra il risultato di una partita di pallacanestro, ma vi garantiamo che sono i numeri dei satelliti di Saturno e di Giove, rispettivamente. Ben lontani, quindi, dai risultati calcistici del tipo 1-0, per il "match" Terra-Venere, o 2-1, per la sfida Marte-Terra. E fra i satelliti di Saturno, come vedremo, ce ne sono alcuni assolutamente degni di un'escursione.

IL CONTROLLORE DEL TEMPO

Nella mitologia romana Saturno è l'equivalente della divinità greca Crono, che, oltre ad avere la pessima caratteristica di mangiare i suoi figli appena nati, è anche il dio che rappresenta lo scorrere del tempo (*kronos* in greco significa tempo; ma nella mitologia originaria Crono e Chronos, il "vero" dio del tempo, sono due divinità distinte). Lungi dall'essere comunista – nella propaganda anticomunista diffusa in Italia dopo la fine della Seconda guerra mondiale era celebre lo slogan secondo cui i comunisti mangiavano i bambini, anche se il mito racconta che evirò suo padre Urano proprio grazie a una falce! – Saturno si ciba dei suoi figli semplicemente per non far avverare quanto gli era stato riferito da un oracolo, cioè che uno di loro lo avrebbe infine spodestato. Purtroppo per lui, sua moglie Rea gli nasconde la nascita di Zeus (Giove, per i latini) che, come tutti sappiamo, riuscirà davvero a diventare il signore dell'Olimpo e capo di tutti gli dèi. A Crono resterà solo il potere di rappresentare il tempo, che, nell'allegoria del mito, divora tutto, senza fermarsi davanti a niente e a nessuno, nemmeno ai suoi figli. Forse il nome del pianeta deriva proprio da questo: è il più lento di tutti, fra quelli noti nell'antichità, e quindi in grado di rappresentare meglio degli altri il lento, ma inesorabile scorrere del tempo.

Ora, grazie all'uso dei telescopi, sappiamo che esistono pianeti, pianeti nani, asteroidi molto più lenti di Saturno, ma nessuno di questi è purtroppo visibile a occhio nudo! Le comete non erano considerate fenomeni celesti, per cui non vennero nemmeno prese in considerazione come strumenti "segna-tempo".

IL PIANETA TRICORPOREO (E ALTRI ANAGRAMMI)

Il primo a capire che c'era qualcosa che non andava nell'aspetto del pianeta fu naturalmente Galileo Galilei, che puntò il suo cannocchiale verso Saturno nel 1610. Osservato da Terra a occhio nudo, infatti, il pianeta appare come un punto brillante sullo sfondo nero del cielo, senza alcuna particolare struttura, con una tonalità di colore giallognolo, proprio come Giove, anche se meno brillante. Ma guardando attraverso le lenti del suo strumento, Galileo vide che il disco del pianeta era affiancato, in posizioni diametralmente opposte, da due rigonfiamenti laterali, che interpretò come satelliti, anche se estremamente più grandi e vicini al pianeta rispetto a quelli che aveva scoperto poco prima in orbita attorno a Giove. Così, come già fatto per annunciare la scoperta delle fasi di Venere, lo scienziato pisano si divertì a nascondere quella che definì una "stravagantissima meraviglia" dietro un anagramma totalmente incomprensibile: "smaismrmilmepoetaleumibunenugttauiras".

La notizia, scritta inizialmente in una lettera inviata nell'estate del 1610 a un politico fiorentino, giunse, tramite il contatto con Giuliano de' Medici, anche a Keplero, che nuovamente si cimentò nel tentativo di risolvere l'arcano. Il testo, nella decifrazione dell'astronomo polacco, doveva essere "Salve umbistineum geminatum

Martia proles" (definito dallo stesso Keplero un "barbaro verso latino"), che si può pensare di tradurre in italiano con "Salve, furiosi gemelli, prole di Marte". In pratica, secondo Keplero, Galileo aveva scoperto che Marte aveva due satelliti! Ora, il fatto curioso è che Marte ha davvero due satelliti, come abbiamo visto, ma Galileo non avrebbe mai potuto scoprirli con il suo cannocchiale, perché troppo deboli di luminosità per essere visti con uno strumento di quel tipo.

A leggere questa vicenda, sembra che Keplero avesse una particolare attitudine a individuare negli anagrammi di Galileo segni di scoperte future, se si pensa che anche per l'annuncio di Venere, il messaggio nascosto dello scienziato pisano era stato decifrato da Keplero con la frase "Macula rufa in Iove est giratur mathem ecc"., che significa "Su Giove c'è una macchia rossa che gira matematicamente". Anche in questo caso, infatti, sappiamo che un enorme vortice denominato Grande Macchia Rossa è davvero osservabile sulla superficie visibile di Giove, ma sappiamo anche che il primo a osservarla fu Giovanni Domenico Cassini, oltre mezzo secolo dopo, nel 1665.

Ma allora che cosa significava il messaggio cifrato di Galileo? Ebbene, la rivelazione, arrivata qualche tempo dopo, doveva essere letta così: "Altissimum planetam tergeminum observavi", il cui significato letterale è: "ho osservato il pianeta più alto in triplice forma", ovvero: Saturno, che è il pianeta più alto (sia nel sistema tolemaico che in quello copernicano, per fortuna di Galileo) è formato da tre corpi invece che da uno solo. Nei primi disegni di Galileo, Saturno appare infatti come un corpo centrale ai cui lati si trovano due corpi più piccoli. Lo stupore di Galileo di fronte a questa osservazione è tale che nella lettera spedita da Firenze il 13 novembre 1610 e indirizzata a Praga, con destinatario Giuliano de' Medici, in cui svela il significato del messaggio cifrato, prosegue: "Questo è, che Saturno, con mia grandissima ammiratione, ho osservato essere non una stella sola, ma tre insieme, le quali quasi si toccano".

Di fronte all'impossibilità di comprendere appieno la scoperta, Galileo non si perde d'animo, e continua a osservare il pianeta anche nei mesi e negli anni successivi. Fino a quando, nel 1612, con sua grande sorpresa, il pianeta perde la sua stranezza e al cannocchiale appare come un dischetto isolato, esattamente come gli altri. Uomo di grande cultura, e quindi a conoscenza del mito di Crono di cui abbiamo scritto sopra, annota, non senza preoccupazione: "Forse Saturno si ha divorato i propri figli?". Passano ancora alcuni anni e Saturno torna ad assumere un aspetto strano, ma diverso rispetto al "tergemino" delle prime osservazioni. Adesso il corpo centrale appare di nuovo con due strutture affiancate in posizioni diametralmente opposte, non più tonde, ma di forma ellittica, e con una regione oscura che le separa dal disco del pianeta.

Purtroppo per Galileo, il suo telescopio non è così potente da permettergli di capire con precisione che cosa sta davvero osservando, e di comprendere l'aspetto mutevole del pianeta col passare degli anni. Sarà infatti l'olandese Christiaan Huygens, nel 1655, a scoprire che quello che aveva visto lo scienziato pisano era in realtà un anello che circondava il pianeta a livello equatoriale e a spiegare, nel suo *Systema Saturnium*, pubblicato a L'Aia nel 1659, che i diversi aspetti con cui si era presentato al cannocchiale di Galileo erano in realtà dovuti alle diverse inclinazioni che l'anello assume rispetto all'osservatore terrestre nel corso dei moti orbitali dei due pianeti. Nella circostanza della prima conferma dell'anello attorno al pianeta e della scoperta del satellite Titano, sempre nel 1655, non mancò una disputa con l'ottico italiano Eustachio Divini (1610-1685), all'epoca considerato uno dei migliori costruttori di telescopi, che, in uno scambio di reciproche accuse e offese, venne addirittura definito da Huygens un "vilem vitrarium arteficem", ovvero un "volgare lavoratore di vetri". Nella contesa venne addirittura coinvolta l'Accademia del Cimento che nel 1664 sancì definitivamente che l'interpretazione del sistema di Saturno fornita da Huygens era coerente con le osservazioni e quindi corretta.

Seguendo la moda dell'epoca e prendendo esempio da Galileo, anche Huygens, per annunciare al mondo la sua scoperta, fece ricorso a un anagramma, ma non avendo evidentemente voglia di cimentarsi in particolari rielaborazioni, si limitò a mettere in fila le lettere che dovevano comporre la frase rivelatrice: "aaaaaaa ccccc d eeeee g h iiiiiii llll mm nnnnnnnnn oooo pp q rr s ttttt uuuuu". Un modo sicuramente inusuale per dire: "Annulo cingitur, tenui, plano, nusquam cohaerente, ad eclipticam inclinato", che in italiano significa: "[Il pianeta Saturno] è circondato da un anello sottile, piatto, che non lo tocca in nessun punto, inclinato rispetto all'eclittica". Così recita la decifrazione del messaggio che descriveva per la prima volta il sistema di anelli – non di un solo anello si tratta, infatti, ma di un complesso e fitto insieme di anelli concentrici – che ogni astroturista che si rispetti deve visitare almeno una volta nella vita.

LA PROMESSA (MANTENUTA) DEGLI ANELLI

Grazie a osservazioni con telescopi sempre più potenti e, in seguito, alle missioni spaziali che hanno fatto visita a Saturno – nell'ordine *Pioneer 11*, *Voyager 1*, *Voyager 2* e, soprattutto, *Cassini-*

Huygens – adesso sappiamo che l'anello osservato da Huygens non era in effetti un corpo singolo, compatto, disposto come una cintura attorno al pianeta, ma è in realtà composto da più anelli principali, a loro volta composti da una moltitudine di anelli molto fini e ravvicinati. Tipicamente, fra un anello principale e l'altro si trova una **lacuna**, una zona vuota, priva o quasi del materiale – frammenti di ghiaccio d'acqua misto a polvere – di cui sono costituiti gli anelli. Il primo a osservare uno di questi spazi vuoti, quindi a scoprire che l'anello non era un corpo unico, ma composto almeno da due elementi concentrici, fu l'astronomo italiano Giovanni Domenico Cassini, nel 1675 (lo stesso che 10 anni prima aveva scoperto la Grande Macchia Rossa su Giove). Questo spazio vuoto fra gli anelli, il più esteso e quindi facile da osservare, venne denominato in suo onore **divisione di Cassini**.

Avvicinandovi al sistema, dai finestrini del vostro astrobus vi saranno sempre più evidenti i dettagli della struttura degli anelli, con ciascun anello principale composto da una miriade di anellini concentrici, separato da lacune più o meno larghe, denominate divisioni o separazioni. Divisioni e separazioni prendono il nome di scienziati, come la divisione di Cassini, appunto, mentre gli anelli sono semplicemente indicati con le lettere dell'alfabeto latino. Quindi, per esempio, la divisione di Cassini separa l'**anello A**, più esterno e brillante (perché più denso di anellini concentrici), dall'**anello B**, più interno, più rarefatto e pertanto meno luminoso.

Nel complesso, il sistema principale di anelli, composto dai tre anelli più brillanti, A, B e C – ben riconoscibili anche dall'osservazione da Terra – si estende da circa 75.000 chilometri (anello C) fino a quasi 140.000 chilometri (anello A) dal centro del pianeta, che ha un raggio medio di circa 58.000 chilometri, anche se esiste un anello più interno al C (il D), e altri anelli più esterni all'A (gli anelli E, F, G), molto più tenui e rarefatti.

Le lacune fra un anello e l'altro non sono lì per caso, ovviamente. È la presenza di alcuni satelliti a rendere instabili quelle orbite e a non permettere quindi che eventuali frammenti si stabilizzino in quelle regioni. Un caso particolare è quello della **divisione di Encke**, così chiamata in onore dell'astronomo tedesco Johann Encke (1791-1865), interna all'anello A: in questo spazio si trova infatti a orbitare il piccolo satellite **Pan**, che, evidentemente, tiene la strada libera e sgombra da detriti.

Sempre la forza di gravità di alcuni satelliti è in grado di controllare e tenere in ordine le orbite di alcuni anelli: per questo motivo, le lune che svolgono questo ruolo sono chiamate **satelliti pastori**, proprio perché guidano il "gregge" di frammenti lungo la giusta orbita, senza che qualche frammento si perda e inizi a vagare nei pascoli dello spazio interplanetario. Un'escursione sopra o sotto il piano degli anelli vi farà riconoscere con estrema facilità queste lune, immerse nel sistema di anelli e capaci di mantenerlo ordinato. E scoprirete anche un'altra curiosità: che nella divisione di Encke, oltre a Pan, si trova anche un sottile anello, visto per la prima volta dalla sonda *Cassini*.

Leggendo la storia delle osservazioni compiute da Galileo, vi sarà sicuramente venuta la curiosità di capire come mai gli anelli vennero prima visti come due dischi più piccoli, poi sparirono, poi tornarono visibili sotto forma di ellissi, come se fossero una sorta di "manici" del corpo centrale ("ansae", ovvero "manici", fu proprio il nome usato da Galileo per descrivere quello che stava osservando). Ebbene, la spiegazione venne data proprio da Huygens nel suo trattato del 1659: il sistema di anelli è inclinato di 27° rispetto al piano su cui orbita Saturno (e anche il nostro pianeta). Così, a seconda delle posizioni orbitali della Terra e di Saturno, succede che il sistema si possa talvolta vedere nella massima angolazione, sotto forma di due archi di ellisse appoggiati al disco del pianeta (le "ansae", appunto), ma può anche capitare che il nostro pianeta attraversi il piano degli anelli e che quindi questi, essendo posizionati di taglio rispetto alla linea di osservazione, diventino invisibili. Fu proprio questa circostanza, nel 1612, a far rimanere interdetto Galileo.

In effetti anche voi potrete sperimentare e stupirvi di questa sparizione! Già, perché sarà sufficiente che durante il viaggio di avvicinamento a Saturno il vostro astrobus attraversi il piano degli anelli per mostrarvi in diretta e da vicino quello che sperimentò Galileo col suo cannocchiale – e che sperimentano tutti gli osservatori terrestri ogni circa 15 anni – ovvero l'apparente scomparsa degli anelli. A questo punto potreste anche domandarvi come possa magicamente sparire un sistema così esteso e brillante come quello degli anelli di Saturno e la risposta è che, per quanto in orizzontale siano estesi decine di migliaia di chilometri, lo spessore tipico è di appena 10 metri (solo in certi casi, quando subiscono l'azione gravitazionale dai satelliti che passano nelle vicinanze, i frammenti si sollevano di qualche chilometro sopra il piano degli anelli, che altrimenti avrebbero l'aspetto di un disco piatto). Sì, avete letto bene: 10 metri! In pratica siamo davanti a un disco estremamente sottile e comunque capace di offrire uno spettacolo magnifico, anche quando gli anelli sono osservati in controluce, ovvero guardandoli dal lato in ombra rispetto alla luce solare.

Finalmente fugato ogni dubbio sul costo della crociera? Gli anelli di Saturno non deludono mai nessun viaggiatore e mantengono sempre la loro promessa di spettacolo e di meraviglia della Natura.

IL SATELLITE MANCATO

Dopo aver visto da vicino gli anelli, composti essenzialmente da ghiaccio d'acqua puro al 99,9 per cento, in cui si trovano microscopiche impurità sotto forma di polvere di silicati e altri minerali, all'astroturista curioso può sorgere spontanea la domanda: ma perché tutto questo materiale, costituito da frammenti di dimensioni variabili dal centimetro a qualche metro, non si è aggregato per formare un'ulteriore luna di Saturno? Anche in questo caso, la risposta viene data dalla fisica della gravitazione. Di materia ce ne sarebbe a sufficienza, in effetti, solo che... è troppo vicina al pianeta! In pratica, un qualunque corpo di grandi dimensioni che si trovasse in orbita attorno a Saturno a quelle distanze verrebbe prima deformato e poi distrutto dalle forze di marea del pianeta. Il motivo è che la forza di attrazione dell'emisfero più vicino al pianeta avrebbe un'intensità molto maggiore di quella che attrae l'emisfero lontano, e la differenza fra queste due forze sarebbe capace di ridurre letteralmente in briciole il satellite. Il primo a dimostrare teoricamente questa affermazione, nel 1848, fu il matematico e astronomo francese Édouard Roche (1820-1883), che calcolò la distanza dal centro di un qualunque corpo massiccio – stella o pianeta – entro la quale non è possibile la formazione di un altro corpo massiccio tenuto assieme dalla propria forza di gravità – pianeta o satellite, rispettivamente – orbitante attorno a quello centrale. E in effetti questa distanza, chiamata poi in suo onore **limite di Roche**, è per Saturno maggiore di quella a cui si trovano gli anelli. Pochi anni dopo, nel 1857, il fisico scozzese James Clerk Maxwell (1831-1879), sicuramente più noto per le equazioni sull'elettromagnetismo che prendono il suo nome, dimostrò che gli anelli di Saturno non potevano essere composti da un unico corpo solido, ma dovevano necessariamente essere costituiti da innumerevoli frammenti solidi di piccole dimensioni, ciascuno in orbita indipendente attorno al pianeta. Adesso abbiamo le prove che aveva ragione.

IL PIANETA GALLEGGIANTE

Come gigante gassoso, Saturno ha caratteristiche molto simili a quelle già descritte per Giove, sia per quanto riguarda la struttura interna che l'aspetto con cui si presenta la parte superiore dell'atmosfera, suddivisa in fasce chiare e scure disposte parallelamente all'equatore del pianeta, anche se meno nitide e distinte di quelle del fratello maggiore (che nella mitologia greca è invece il figlio, come ormai sapete!). Anche l'atmosfera di Saturno è battuta da venti molto intensi: all'equatore, per esempio, sono stati osservati venti che soffiano a velocità di 500 metri al secondo, che, fatte le dovute conversioni, sono pari a 1800 chilometri orari!

Tuttavia, essendo il pianeta più piccolo e soprattutto più lontano (e quindi più freddo) dal Sole rispetto a Giove, le manifestazioni meteorologiche e climatiche che si osservano nell'atmosfera di Saturno sono meno violente e marcate, tranne alcune rare, ma comunque interessanti eccezioni, degne sicuramente di un'escursione dedicata. Fra queste, troviamo un vortice simile alla Grande Macchia Rossa di Giove, ma molto meno esteso, chiamato – forse con un nome un po' pretenzioso – **Grande Macchia Bianca**. A differenza della GMR, però, l'uragano su Saturno varia con le stagioni e tipicamente si manifesta quando l'emisfero settentrionale del pianeta è rivolto verso il Sole.

Ma quindi Saturno ha le stagioni? La risposta è affermativa e il motivo è sempre lo stesso: l'inclinazione dell'asse di rotazione, e quindi del piano equatoriale, rispetto al piano dell'orbita. E infatti

Saturno ha il piano equatoriale inclinato di circa 27° rispetto al piano dell'orbita, un valore non molto lontano da quello terrestre (che, lo ricordiamo, è pari a 23,5°). Il fatto che rende le stagioni di Saturno significativamente diverse da quelle terrestri è, oltre alla distanza dal Sole, con una conseguente minore quantità di radiazione solare che investe l'atmosfera, la durata: una stagione saturniana dura oltre 7 anni terrestri. Saturno completa infatti un'orbita attorno al Sole in poco meno di 29 anni e mezzo. Questo significa, per esempio, che la notte polare dura oltre 14 anni per un emisfero e altrettanti per l'altro. A durare molto poco è invece il giorno saturniano: il pianeta ruota su se stesso in meno di 11 ore, e nella particolare classifica dei "giorni più brevi" fra i pianeti del Sistema Solare si attesta al secondo posto, subito dopo Giove. A causa di questa rotazione molto rapida attorno al proprio asse, Saturno mostra un evidente schiacciamento ai poli, pari quasi al 10 per cento, ben evidente all'osservazione telescopica. Nessun altro pianeta mostra uno schiacciamento così marcato.

Ma l'atmosfera di Saturno riserva anche una sorpresa invisibile da Terra. Solo grazie alle missioni spaziali che hanno visitato il pianeta da vicino è stato possibile scoprire che attorno al polo nord del pianeta si avvolge una formazione unica, almeno per quanto riguarda la forma: si tratta infatti di un enorme vortice di forma esagonale, con lati lunghi oltre 14.000 chilometri – più del diametro del nostro pianeta, quindi – e una profondità stimata di svariati chilometri. In questo **esagono** di nuvole, un complesso sistema di correnti il cui interno cambia colore a seconda delle stagioni (a causa delle diverse reazioni fotochimiche innescate o meno dalla radiazione solare), i venti soffiano a 300 chilometri orari attorno a un occhio che, da solo, ha un diametro di oltre 2000 chilometri. Se la vostra crociera prevede anche un'orbita polare attorno a Saturno, non potete assolutamente mancare questa spettacolare tempesta, potente e misteriosa allo stesso tempo, perché ancora senza spiegazione. Certo, le crociere polari sono ancora più costose – perché richiedono manovre orbitali complesse e un maggiore dispendio di energia – di quelle con orbite poco inclinate rispetto al piano orbitale, ma una volta arrivati qua, davvero volete perdervi questa incredibile forma geometrica costruita solo da nuvole?

Visto dai finestrini del vostro astrobus, il pianeta appare sicuramente massiccio e imponente, sarete pertanto sorpresi di sapere che se esistesse un immenso oceano di acqua capace di accoglierlo... ebbene, Saturno galleggerebbe, proprio come una boa o un tappo di sughero! Questo non perché ha gli anelli che funzionano come un salvagente, ma semplicemente perché la sua densità – grandezza fisica data dal rapporto fra la massa di un corpo e il relativo volume – è inferiore a quella dell'acqua. E anche in questo il "Signore degli Anelli" è unico nel nostro sistema planetario: tutti gli altri pianeti affonderebbero inesorabilmente.

TITANO, CHE ATMOSFERA!

Per ora la crociera vi ha fatto sorvolare il pianeta e il superbo sistema di anelli, ma adesso è giunta finalmente l'ora di sgranchirsi le gambe su qualche crosta solida, che sia di rocce o ghiaccio poco importa. Non potendo scendere su Saturno – i giganti gassosi non hanno superfici su cui atterrare e un eventuale ammaraggio avrebbe una sorte incerta, non sapendo fino a quale profondità il nostro "batiscafo spaziale" resisterebbe alle pressioni del gas circostante – le escursioni a piedi o a bordo di rover o altri mezzi sono previste per alcuni satelliti. Ora, come abbiamo accennato prima, Saturno ha un ampio seguito di lune, per cui c'è anche l'imbarazzo della scelta. Di primo acchito si potrebbe pensare che per un'escursione sia il caso di scegliere mete meno battute dagli astroturisti del tipo "mordi e fuggi", così da potersi godere con maggiore tranquillità la sosta, senza doversi continuamente districare dalla folla, ma è anche vero che due satelliti – Titano ed Encelado – sono mete obbligatorie e poi, considerando che il sistema di Saturno è meta di crociere esclusive e quindi non ancora toccato dall'astroturismo di massa, anche sui satelliti più visitati non troverete quelle folle che vi fanno decidere di risalire subito a bordo dell'astrotender che vi ha dolcemente posati sulla superficie.

Come per Giove, anche nel caso di Saturno non tutte le lune hanno un nome proprio, ma quelle che ce l'hanno – la maggioranza delle lune conosciute a oggi – hanno nomi riferiti alla mitologia classica greca e romana, in particolare di titani, figure mitologiche figlie di Urano (il Cielo) e Gea (la Terra, nota anche come Gaia). Saturno stesso era un titano. Tuttavia, grazie alle osservazioni con telescopi sempre più potenti, i satelliti di Saturno sono rapidamente aumentati di numero, tanto da superare il numero di titani descritti nei miti. Ma gli astronomi, si sa, sono persone che non si perdono facilmente d'animo, e hanno cominciato ad attingere da altre mitologie (inuit, celtica e norrena, nello specifico), scegliendo, per coerenza, figure di giganti, assimilabili ai titani, appunto.

Curiosamente, il satellite principale di Saturno, **Titano**, non ha il nome di un titano, ma ha il nome generico della figura mitologica, che gli venne assegnato dall'astronomo inglese John Herschel (1792-1871) nel 1847: Huygens infatti lo indicava semplicemente come Saturni Luna, satellite di Saturno, forse pensando che fosse il primo e l'unico satellite naturale del pianeta. Osservato per la prima volta dall'astronomo olandese il 25 marzo 1655, Titano fu il quinto satellite del Sistema Solare a rivelare la propria presenza dopo i quattro satelliti galileiani, scoperti 45 anni prima. La maggior parte delle conoscenze che abbiamo su questa luna le dobbiamo alla missione congiunta NASA-ESA-ASI (che sono rispettivamente l'agenzia spaziale statunitense, quella europea e quella italiana) denominata *Cassini-Huygens*, in onore dei due scienziati che per primi contribuirono con i loro studi a sollevare il velo sul pianeta, sul suo sistema di anelli e sui suoi numerosi satelliti (Cassini ne scoprì quattro, oltre appunto a vedere la divisione negli anelli). Ma il doppio nome della missione stava anche a indicare il fatto che era composta da un orbiter, la sonda *Cassini* vera e propria, e da un lander, *Huygens*, che ebbe il compito di atterrare per la prima volta proprio sulla superficie di Titano.

Ma perché atterrare proprio su Titano che, per inciso, è più grande del pianeta Mercurio (solo per dimensioni, però, ma non per massa) e, fra i satelliti, secondo solo al mediceo Ganimede (sia per dimensioni che per massa)? Che cosa ha di così particolare? Ebbene, se deciderete di fare un'escursione su questa luna, lo scoprirete direttamente con i vostri occhi! Titano è infatti, fra tutti i satelliti di tutti i pianeti del Sistema Solare, l'unico dotato di un'atmosfera densa e stabile. E poi non è un'atmosfera qualsiasi: quella di Titano è costituita da uno spesso strato di azoto, ed è ricca di metano e altri idrocarburi. In pratica assomiglia molto da vicino all'atmosfera primordiale che gli scienziati ipotizzano avvolgesse il nostro pianeta, prima che nel tempo intervenissero diversi fattori (vento solare, impatti meteorici, eruzioni vulcaniche) a trasformarla in quella che è adesso, fortunatamente ricca di ossigeno, grazie soprattutto all'azione della fotosintesi.

La missione *Cassini*, la prima a entrare in orbita attorno a Saturno, venne lanciata il 15 ottobre 1997 e si è conclusa il 15 settembre 2017, con un tuffo in mezzo alle nubi tempestose di Saturno, dopo oltre 13 anni di onorata carriera (entrò in orbita attorno a Saturno il 1° luglio 2004, dopo quasi 7 anni di viaggio), compiendo osservazioni ravvicinate di Saturno, del sistema di anelli e di molte lune del suo ampio corteo. (Per inciso, anche la missione *Galileo*, inviata nel 1989 dalla NASA alla volta di Giove, prima sganciò una sonda atmosferica e poi la sonda principale terminò la sua corsa il 21 settembre 2003 con un tuffo suicida nell'atmosfera gioviana. Lo scopo, in entrambi i casi, è stato quello di evitare ogni possibile contaminazione delle lune di Giove e Saturno con batteri terrestri eventualmente portati dalle sonde.)

Ma all'epoca del tuffo su Saturno, *Cassini* non era più da tempo in compagnia di *Huygens*. Il lander, infatti, aveva abbandonato la sonda madre il giorno di Natale del 2004, per avviarsi, in completa solitudine, nella missione suicida – lo si sapeva sin dall'inizio – che lo portò il 14 gennaio 2005 ad atterrare sulla superficie solida di Titano, dopo aver attraversato tutta la densa e nebbiosa atmosfera.

Il "sacrificio" di *Huygens* e i numerosi sorvoli ravvicinati sulla superficie di Titano da parte della sonda *Cassini* hanno permesso agli astronomi di farsi un quadro piuttosto dettagliato della morfologia del satellite e delle sue caratteristiche chimiche e fisiche. Adesso sappiamo che Titano ha mari, laghi, fiumi, nubi, pioggia. Solo che i mari e i laghi non contengono acqua, nei fiumi non scorre acqua, né le nubi né la pioggia sono composte di acqua. Al posto dell'acqua troviamo infatti il metano, che, invece di trovarsi allo stato gassoso come nella nostra atmosfera, si trova stabilmente allo stato liquido a causa delle basse temperature presenti sul satellite: la temperatura media di Titano è infatti di circa -180 °C! (La pressione atmosferica alla superficie è invece una volta e mezzo quella terrestre.)

Le dimensioni dei **laghi** osservati su Titano variano da pochi chilometri fino ad alcune decine di chilometri – il più esteso, grande quanto il Mar Caspio, è il **Kraken Mare**, dedicato al mostro marino spesso rappresentato come un calamaro gigante, al cui interno si trovano svariate isole, la più importante delle quali è la **Mayda Insula**, così chiamata in onore della leggendaria isola atlantica di Maida (la Mayda Insula detiene l'importante primato di essere la prima isola extraterrestre ad avere un nome proprio!) – mentre le forme passano da irregolari fino a perfettamente circolari, che potrebbero derivare da caldere di vulcani non più attivi. In molti di questi laghi confluiscono **fiumi**, che contribuiscono ad alimentarli di **metano liquido** (ed etano). Tuttavia alcune depressioni, invece di essere invase dal metano liquido, sono secche, evidenziando la possibile natura temporanea e stagionale di queste formazioni. In ogni caso, grazie a queste scoperte Titano è, insieme alla Terra, l'unico altro corpo del Sistema Solare ad avere un ciclo idrologico completo, dove però a condensarsi non è l'acqua, ma, appunto, il metano. Che in estate evapora completamente, o quasi, mentre in inverno riempie le depressioni grazie alle precipitazioni e, forse, all'intersezione in superficie dello strato sotterraneo di idrocarburi.

Basandosi sul numero e l'estensione di questi vasti bacini di metano ed etano, alcuni scienziati hanno stimato che le riserve di idrocarburi presenti sulla superficie di Titano ammontano a diverse centinaia di volte quelle di petrolio e gas naturale conosciute sul nostro pianeta. In pratica, su Titano non c'è bisogno di distributori di carburante: basta fermarsi, raccogliere un po' di metano da una pozza e col pieno siamo a posto, e senza alcuna accisa! È un po' come vivere in Kuwait… solo che gli idrocarburi sono già disponibili in superficie, invece che nel sottosuolo.

Avrete capito che dal punto di vista dell'astroturista Titano offre davvero una grande quantità di attrazioni, a patto di essere pronti a prendersi un acquazzone di metano (sì, in effetti è una contraddizione… ma "metanozzone" non esiste in alcun vocabolario terrestre, almeno per ora). Quindi, ombrello e impermeabile per le escursioni nelle regioni dei laghi – in alcune zone, vista dall'alto, la superficie di Titano non è molto dissimile da quella della Finlandia, in effetti – e, se proprio non potete fare a meno di dedicarvi a qualche attività sportiva, allora portatevi una tavola da surf. Già perché i mari e i laghi di metano sono accarezzati da brezze, ma spesso anche da venti forti, in grado di sollevare onde da fare invidia al celebre North Shore dell'isola di Oahu, nell'arcipelago delle Hawaii.

Comunque anche la crosta solida non è meno interessante della superficie liquida del satellite. Possiamo arrampicarci sulle montagne, attraversare ampie distese di dune sabbiose – in cui sono presenti anche materiali organici, come le toline (il termine "tholin" venne ideato nel 1979 dall'astrofisico e divulgatore Carl Sagan, 1934-1996, per descrivere le molecole organiche prebiotiche) – e ogni tanto incontrare (forse) alcuni **criovulcani**, "vulcani freddi" in grado di eruttare acqua, ammoniaca e altre sostanze, che gelano all'istante al contatto con la superficie fredda del satellite. Se, oltre a essere interessati ai paesaggi selvaggi e incontaminati di questa luna, nutrite anche qualche interesse scientifico, in particolare di astrobiologia, sappiate che vi trovate sulla superficie di un vero e proprio laboratorio naturale di chimica prebiotica, seppure in condizioni di temperatura totalmente differenti da quelle del nostro pianeta, per cui, chissà, ci potrebbe anche scappare la scoperta di qualche batterio estremofilo alieno. Immaginate l'emozione!

Dalla superficie di Titano non è facile vedere Saturno, per quanto relativamente vicino, perché la densa atmosfera del satellite permette una visibilità estremamente ridotta (è come se ci fosse sempre una nebbia fitta e impenetrabile). Questo stesso fatto impedisce di vedere direttamente dallo spazio la superficie della luna, che si è potuta studiare solo grazie ai radar e, appunto, all'atterraggio della sonda *Huygens*. E comunque, considerato che Titano, come la maggior parte dei satelliti di Saturno, orbita praticamente sullo stesso piano degli anelli, questi sono sempre disposti di taglio e quindi invisibili.

Anche Titano, come la Luna, ruota in maniera sincrona, cioè ha il periodo di rotazione uguale a quello di rivoluzione (circa 16 giorni), quindi rivolge sempre lo stesso emisfero verso il pianeta. Altri satelliti hanno invece periodi di rotazione e periodi di rivoluzione in risonanze diverse (non 1:1, come Titano, appunto), come abbiamo visto per Mercurio, o in risonanze orbitali reciproche, come per esempio quella di Iperione proprio con Titano: infatti, mentre Titano compie quattro orbite attorno a Saturno, Iperione ne completa esattamente tre, ovvero i loro periodi orbitali sono in risonanza 4:3.

Prima di concludere l'escursione su Titano, in genere le guide più esperte portano gli astroturisti anche a visitare il punto di atterraggio di *Huygens*, dove è ancora possibile vedere quello che resta del relitto della sonda. Nel caso non vi venisse proposto, chiedete questa breve deviazione dal percorso: una piccola mancia è in genere sufficiente per essere condotti a questo "memoriale dell'esplorazione spaziale", dove le guide più anziane si emozionano ancora nel raccontare la lunga e difficile discesa della sonda attraverso la densa e turbolenta atmosfera di Titano.

I GEYSER DI ENCELADO

Se dopo aver visitato Titano avete tempo per un'altra escursione, il suggerimento immediato è di dirigersi verso **Encelado**, scoperto dall'astronomo tedesco naturalizzato inglese William Herschel (1738-1822), padre del già citato John, che lo osservò il 28 agosto 1789. Appena sesto per dimensioni fra i satelliti più grandi di Saturno, se fosse appoggiato sull'Italia, Encelado coprirebbe appena la distanza fra Firenze e Napoli, 500 chilometri. Un nanetto, insomma, grande appena un quinto di Titano. Ma questo piccolo corpo celeste ha una rara qualità: è uno dei soli quattro corpi del Sistema Solare dove si sono trovati con certezza vulcani attivi (gli altri sono la Terra, ovviamente, il satellite di Giove Io, e Tritone, un satellite di Nettuno).

La cosa strana è che, essendo così piccolo, Encelado non dovrebbe essere altro che una pallina ghiacciata, butterata di crateri come la Luna. Invece quando la sonda statunitense *Voyager 2* lo avvicinò nel 1981, le foto che inviò a Terra rivelarono che la zona intorno al polo sud era liscia e luminosa come un prato dopo una bella nevicata, il che spiegava perché Encelado fosse il più bianco dei corpi del Sistema Solare.

Ma da dove arriva la neve che su Encelado ha nascosto i crateri intorno al polo sud? Non certo dal cielo: la temperatura superficiale del satellite è di -200 °C e la sua atmosfera è quasi inesistente, quindi non c'è proprio alcuna possibilità di vedere nuvolosi carichi di neve cadere su questo satellite. Il mistero fu risolto dalla sonda

Cassini, grazie a una serie di passaggi ravvicinati a Encelado, arrivando a sfiorarlo ad appena 25 chilometri di altezza. Le foto rimandate da *Cassini* lasciarono a bocca aperta i planetologi: dal polo sud del piccolo satellite si alzavano dei potenti **geyser**, che lanciavano violenti getti di materia fino ad altezze tre volte superiori all'intero diametro del satellite. Ma getti di cosa? La risposta arrivò ancora una volta dalla sonda, che passò addirittura attraverso uno degli spruzzi, per analizzarlo: erano getti d'acqua ghiacciata e vapore, contenente però anche anidride carbonica, metano e altri idrocarburi e ammoniaca.

Sotto la superficie ghiacciata di Encelado, quindi, ci deve essere un mare sotterraneo, che ribolle ed erutta da spaccature della crosta lunghe 130 chilometri e larghe 2, fantasiosamente chiamate **Strisce di tigre**, nel punto dove questa è più sottile, vicino al polo sud, appunto. Vista la presenza di sostanze organiche e calore, forse in quel mare potrebbero perfino nuotare creature viventi. La scoperta dei geyser del satellite spiegava agli astronomi anche cosa avesse formato l'**anello E** di Saturno, il più esterno dei tanti che circondano il grande pianeta. L'anello E è infatti composto da una tenue nebbia di cristalli di ghiaccio ed Encelado ci orbita proprio nel mezzo: devono quindi essere gli spruzzi continui di ghiaccio del piccolo satellite ad aver creato la scia in cui oggi naviga.

Risolto il mistero dei geyser e dell'anello, ne nasceva un altro: che cosa forniva così tanta energia a Encelado, pari a quella di 15 grandi centrali elettriche, da far fondere il ghiaccio e farne schizzare fuori acqua come da una teiera in ebollizione? Sulla Terra il calore che alimenta i vulcani viene da un cuore di ferro incandescente, scaldato dagli elementi radioattivi che contiene. Ma in un satellitino come Encelado, un piccolo nucleo di metalli fusi si sarebbe già raffreddato da molto tempo. A spiegare il calore è molto probabilmente la danza che il satellite fa con l'altro satellite Dione, con il quale ha una risonanza orbitale con rapporto 2:1, e in parte con Saturno. Dione infatti, più distante dal pianeta, impiega il doppio del tempo di Encelado per completare un'orbita – e anche una rotazione, essendo sincrone. Encelado pertanto si allontana e si avvicina periodicamente rispetto a Saturno, percorrendo la propria orbita leggermente ellittica a rotta di collo per completarla in meno di 33 ore. Praticamente un attimo, se confrontato con il periodo orbitale della nostra Luna, che impiega circa un mese a girare intorno alla Terra. L'attrito, provocato da questi continui tira e molla gravitazionali con Dione e con Saturno riscalda l'interno di Encelado, come un fil di ferro piegato e raddrizzato più volte. Il calore scioglie lo strato più esterno del ghiaccio che compone quasi interamente Encelado, formando il mare sepolto, i geyser e le nevicate che hanno lisciato la superficie del satellite e creato l'anello più esterno di Saturno. E, forse, ha anche permesso a qualche misterioso animaletto enceladiano di nascere e nuotare in quelle acque oscure.

Per l'astroturista appassionato di fenomeni geotermici, come i geyser islandesi o quelli del parco statunitense di Yellowstone, questi di Encelado sono assolutamente imperdibili, anche perché, a differenza di quanto accade sul nostro pianeta, sulla superficie di Encelado ricade solo una parte dell'acqua e del ghiaccio espulsi dal getto, mentre un'altra parte viene dispersa nello spazio (a causa della bassa gravità del satellite), a formare appunto il tenue anello E, che si estende lungo tutta l'orbita del satellite.

Se poi vi trovate a osservare i getti in condizioni di luce favorevoli, lo spettacolo è anche arricchito dai giochi di colore degli arcobaleni creati dai cristalli di ghiaccio che ricadono sul satellite.

Il Sole è distante e la sua luce è ormai fioca, ma comunque capace di illuminare lo spettacolo sotto i nostri occhi (a patto, ovviamente, di trovarsi nell'emisfero diurno del satellite).

IPERIONE, IL REGNO DEL CAOS

Dopo Titano ed Encelado, le guide astroturistiche tradizionali abbondano di suggerimenti di escursioni verso altri satelliti maggiori, sicuramente interessanti, ma non tanto quanto la meta che vi proponiamo noi, una "chicca" per veri intenditori: stiamo parlando del satellite **Iperione** che, a dispetto del nome da titano, è davvero molto piccolo e anche di forma irregolare. Come anticipato, Iperione, essendo la luna che orbita più vicina a Titano, risente della sua attrazione gravitazionale, tanto da essere appunto bloccato in una risonanza orbitale. La densità molto bassa – quasi la metà di quella dell'acqua – fa supporre che sia essenzialmente composto da ghiaccio d'acqua ma che sia anche molto poroso, per cui non sono molte le compagnie turistiche che propongono escursioni con atterraggi sulla sua superficie, che richiedono manovre molto complesse e delicate, anche perché la superficie è completamente butterata di crateri da impatto e non è sempre facile trovare un sito dove parcheggiare l'astrotender.

Tutto questo potrebbe forse convincervi che Iperione non sia una meta particolarmente interessante. Ma se è presente in questa guida è perché è una luna davvero speciale: il moto di rotazione di Iperione è infatti caotico, per cui non è possibile definire con precisione né quali sono i poli del satellite, né quale sia l'eventuale equatore (sempre che si possa definire un equatore per un sasso oblungo e di forma irregolare, appunto). Ora, detta così, può non fare molta impressione, ma se scriviamo che su Iperione è praticamente impossibile prevedere quando e da quale parte il Sole sorgerà all'orizzonte o deciderà di tramontare allora forse vi renderete conto della particolarità della situazione. In altre parole, a causa di questa **rotazione caotica**, un ipotetico abitante di Iperione non avrebbe mai potuto sviluppare un calendario come il nostro, basato proprio sul periodico e regolare alternarsi del giorno della notte.

Per quanto ne sappiamo, Iperione non condivide con nessun altro corpo del Sistema Solare questa sua peculiarità. Al momento è l'unico oggetto ad avere un comportamento caotico. Capite bene che la visita a una luna così speciale non poteva mancare nel vostro diario di viaggio, giusto?

"EFFETTO FARFALLA"

Ma che cosa significa veramente "rotazione caotica"? Perché si parla di caos, quando ci sono di mezzo leggi ben conosciute, come quelle della fisica classica e della gravitazione universale? Che cosa rende impossibile prevedere con precisione il comportamento di un sistema apparentemente semplice come quello di Iperione in orbita attorno a Saturno?

Per capirlo, è bene iniziare dal principio, quando nacque la scienza del caos. Avrete sentito citare la frase: "Può il battito d'ali di una farfalla in Brasile generare un uragano in Texas?". A usarla, come titolo a effetto di un intervento a un convegno, nel 1972, fu il matematico e meteorologo statunitense Edward Lorenz (1917-2008), che si può considerare il padre della teoria del caos. È proprio a lui che si deve l'espressione **effetto farfalla**, secondo cui all'origine di fenomeni meteorologici violenti come un uragano potrebbe anche esserci un semplice battito d'ali di una farfalla, quanto di più leggero e delicato siamo in grado di immaginare.

La risposta alla domanda che dava il titolo all'intervento era naturalmente affermativa, e derivava dalle simulazioni al calcolatore dell'evoluzione temporale di un sistema atmosferico. Sorprendentemente, infatti, Lorenz, lavorando sin dal 1963 ai suoi modelli di atmosfera, aveva scoperto un fatto che avrebbe rivoluzionato lo studio dei sistemi dinamici complessi: partendo da due stati iniziali anche solo leggermente differenti, un sistema può seguire profonde evoluzioni temporali, fino a diventare sostanzialmente impredicibile, nonostante le leggi che ne regolano il moto siano esatte e conosciute. In altre parole, per dirla con Lorenz, "fenomeni modesti che si generano su piccola scala, come il battito d'ali di una farfalla, possono indurre trasformazioni di immensa portata e notevole intensità su larga scala, come lo sviluppo di un tornado. Piccole turbolenze microscopiche possono infatti determinare grossi mutamenti macroscopici, mentre semplici eventi dinamici circoscritti possono originare processi straordinariamente complessi e imponenti". Fu così che nacque l'espressione effetto farfalla e vennero poste le basi di una nuova scienza: la **teoria del caos**.

Ma di cosa tratta questa nuova disciplina? Di un po' di tutto, potremmo rispondere. È infatti il tentativo di comprendere se, in comportamenti o moti apparentemente casuali e disordinati (come lo sgocciolamento di un rubinetto o l'aperiodicità del battito cardiaco o, appunto, la rotazione di Iperione), si celano delle regole o delle leggi dinamiche ben precise. Con lo scopo di capire fino a che punto siamo in grado di prevedere l'evoluzione temporale di un sistema complesso, come la nostra atmosfera, per esempio, e scoprire la sua eventuale tendenza a divenire caotico, ossia a trasformarsi in modo tale da rendere impossibili previsioni a lungo termine sul suo stato futuro.

La scienza del caos è solo apparentemente lontana dalla vita quotidiana. Tutt'altro. Interpretata come scienza che studia i grandi effetti provocati da piccole cause, possiamo applicarla in innumerevoli campi: dall'andamento delle borse allo sviluppo di un gruppo sociale, dallo studio di certe reazioni chimiche all'evoluzione di un sistema biologico. Fino ad arrivare alla nascita della vita e all'origine dell'Universo.

E a pensarci bene, la scoperta della scienza del caos è stata solo una riscoperta. Fra il serio e il faceto, il filosofo e matematico francese Blaise Pascal (1623-1662) disse un giorno che "se Cleopatra avesse avuto un naso diverso, a cambiare sarebbe stata l'intera faccia del mondo". Ma tutti abbiamo talvolta la sensazione che un piccolo cambiamento, un dettaglio piccolo e insignificante, possa portare a un risultato completamente diverso, fino a mutare radicalmente la storia di un popolo, o dell'umanità intera. Come racconta appunto la saggezza popolare in un'antica filastrocca, dove per colpa di un chiodo perso da uno zoccolo di un cavallo un re perde una battaglia e, con essa, il proprio regno.

È quella che, tecnicamente, viene chiamata "dipendenza sensibile dalle condizioni iniziali". La si può sperimentare, per esempio, su un tavolo da biliardo. Prendete una bilia – questo è il termine corretto per le palle da biliardo – colpitela forte per un colpo di sponda e seguitene la traiettoria, annotando i punti dove si verificano i diversi rimbalzi (magari può essere utile fare un video, così siete più sicuri). Segnate poi il punto in cui si ferma. Adesso riprendete la stessa bilia, rimettetela nello stesso punto di partenza e colpitela nuovamente, cercando di mettere la stessa intensità di prima e indirizzandola verso lo stesso punto come avete fatto per il precedente rimbalzo. Vi accorgerete ben presto, anche dopo il secondo rimbalzo, che, per quanto siate state accurati nel replicare le esatte condizioni sperimentali del primo colpo, la bilia seguirà inesorabilmente una traiettoria completamente diversa, e sempre più divergente dalla precedente a ogni rimbalzo, fino a terminare la propria corsa in un punto che con estrema improbabilità sarà lo stesso in cui si era fermata in precedenza. In pratica, anche una piccolissima – in realtà infinitesima – variazione rispetto alle condizioni di partenza precedenti porta la bilia a seguire una traiettoria completamente diversa. Eppure le leggi seguite dalla bilia sono perfettamente note. Ciò che manca è la conoscenza esatta delle condizioni di partenza (e su questa conoscenza, purtroppo, esistono limiti invalicabili).

Ecco che cosa significa quella strana espressione messa all'inizio di questo capoverso. Ora capite bene come una rotazione o un'orbita di un pianeta o di un satellite possano "divergere" dall'essere ordinate e periodiche e diventare caotiche e imprevedibili. È sufficiente anche una piccolissima variazione dell'asse di rotazione o una quasi impercettibile deviazione dalla regolare traiettoria orbitale – come una perturbazione gravitazionale causata dal passaggio ravvicinato con un altro corpo, o addirittura da un impatto – e l'ordine può trasformarsi in caos.

Allora come si può capire se un sistema manifesterà o meno un comportamento caotico? A ideare il principale metodo di analisi di un sistema fisico complesso fu il matematico e fisico francese Jules-Henri Poincaré (1854-1912), che alla fine del XIX secolo era alle prese con un problema di non poco conto: studiare la stabilità del Sistema Solare. Già, perché non è mica ovvio che tutto questo insieme di pianeti e satelliti debba restare in moto ordinato per un tempo infinito!

L'idea di Poincaré fu di dare una valutazione qualitativa attraverso gli strumenti della geometria, inventando lo "spazio delle fasi", uno spazio matematico immaginario che rappresenta tutti gli stati possibili di un sistema dinamico. Poincaré non riuscì a dimostrare se la Terra prima o poi sarebbe fuggita dalla propria orbita, ma nel 1889 il re di Svezia Oscar II volle comunque conferirgli il premio internazionale appositamente istituito, come riconoscimento per il valore delle sue ricerche.

Da quel momento, infatti, i sistemi dinamici si studiano proprio analizzando le "curve" che questi costruiscono nello spazio delle fasi durante la loro evoluzione. A seconda del tipo di moto, periodico, smorzato o caotico, il sistema disegna forme diverse nello spazio delle fasi: punti fissi, curve o superfici regolari, zone irregolari. Queste forme prendono il nome di **attrattori**, proprio perché il moto viene "attratto" verso di esse. In altre parole, in un tempo più o meno lungo, l'evoluzione dinamica del sistema si svilupperà su traiettorie descritte nello spazio delle fasi da questi attrattori. Per esempio, un pendolo ideale oscilla periodicamente senza mai fermarsi, descrivendo nello spazio delle fasi una semplice ellisse. D'altra parte, per un pendolo reale, il cui moto è smorzato dagli attriti e dalla resistenza con l'aria fino a che non viene fermato nella sua posizione di equilibrio, quella stessa ellisse si stringerà sempre di più fino a diventare un punto e lì fermarsi. Ecco: quel punto nello spazio delle fasi rappresenta proprio l'attrattore del moto del pendolo smorzato. L'attrattore è quindi una generalizzazione della nozione di equilibrio.

Anche i moti di sistemi caotici hanno i loro attrattori. Che però hanno proprietà molto particolari, e per questo vengono chiamati "attrattori strani". Questi attrattori, infatti, hanno una struttura frattale, ovvero godono di due proprietà geometriche molto speciali. La prima è l'invarianza di scala (nota anche come autosomiglianza): in altre parole, ogni loro piccola porzione può essere vista come una riproduzione su scala ridotta dell'intera figura. In pratica, la struttura di un attrattore strano osservata ad alto ingrandimento è la replica esatta di quella osservata a basso ingrandimento.

La seconda proprietà è che non hanno dimensione intera, ma frazionaria (ebbene sì, esistono anche le dimensioni frazionarie). In effetti, quando in geometria parliamo di dimensioni, pensiamo sempre a numeri interi: una retta ha una dimensione, un rettangolo ne ha due, un cubo tre e così via. Ma, come fece il matematico polacco naturalizzato francese Benoît Mandelbrot (1924-2010), è possibile estendere il concetto di dimensione e scoprire che esistono figure geometriche con dimensione frazionaria, dette frattali. Gli attrattori strani sono quindi figure frattali, le cui dimensioni possono essere tranquillamente date da un numero compreso fra 1 e 2 o fra 2 e 3, e così via.

Resa possibile dalla nascita dei calcolatori (Mandelbrot lavorava all'IBM), la geometria dei frattali, oltre a trovare applicazione nella dinamica dei sistemi complessi, ha altri impieghi interessanti nello studio della natura. Per esempio, le coste, le montagne, le nuvole, le foglie di una felce, le ramificazioni degli alberi possono essere considerati tipici frattali naturali (a dimostrazione che la Natura parla in "linguaggio matematico", come sosteneva Galileo), ma anche il corpo umano è ricco di esempi: i bronchioli polmonari, i villi intestinali, i capillari del sistema circolatorio, i neuroni, le circonvoluzioni cerebrali hanno tutti, a diversi livelli, un certo grado di autosomiglianza. E c'è anche chi ipotizza che l'Universo abbia geometria frattale, sconvolgendo il mondo dei cosmologi. Chissà che la storia del nostro Universo non debba essere completamente riscritta.

E mentre siete immersi in queste riflessioni, vi rendete conto che si è fatto tardi – come è facile intuire, su Iperione non è banale tenere bene il conto dello scorrere del tempo! – e che dovete tornare al vostro astrobus per riprendere il viaggio.

CAPITOLO 7

URANO, IL PIANETA CHE ROTOLA

Chi compra un biglietto per andare sulla Luna, o per visitare i pianeti del Sistema Solare noti fin dall'antichità, in genere ha già un'idea di che cosa vuole andare a vedere. E le agenzie che si occupano di astroturismo, proliferate da quando i viaggi interplanetari sono diventati più economici e quindi alla portata di un pubblico ampio, per queste mete selezionate offrono pacchetti e servizi per ogni gusto e per ogni tasca.

URANO

PIANETA

Scoperta: William Herschel
Data di scoperta: 13 marzo 1781
Massa: 14,54 volte quella della Terra
Raggio medio: 50.532 km
Temperatura efficace: -205 °C
Durata del giorno: 0,72 giorni terrestri (rotazione retrograda)
Durata dell'anno: 84,011 anni terrestri
Numero di satelliti: 27 (confermati)
Sistema di anelli planetario: sì

Sono infatti finiti i tempi in cui i primi turisti privati erano disposti a pagare somme impossibili per la maggior parte delle persone pur di assicurarsi un posto in una capsula spaziale, come fece l'ingegnere e imprenditore statunitense Dennis Tito, che nel 2001 staccò il primo costosissimo "biglietto da astroturista" della storia acquistando dall'agenzia spaziale russa Roscosmos un posto sulla navicella *Soyuz* diretta verso la Stazione Spaziale Internazionale (ISS).

All'epoca il viaggio andata e ritorno di Tito, comprensivo di un soggiorno di 8 giorni in orbita attorno alla Terra come membro dell'equipaggio dell'ISS, costò 20 milioni di dollari.

Ma molti sono affascinati anche dai viaggi verso l'ignoto, da mete sconosciute, da luoghi inesplorati. Per questi novelli Ulisse, il pianeta che garantisce la giusta dose di mistero a un costo ancora abbordabile è Urano. È un pianeta che ha sicuramente grosse potenzialità dal punto di vista del turismo spaziale, ma che ancora non è ben sfruttato, nonostante abbia caratteristiche che lo rendono estremamente interessante, a patto di voler intraprendere un viaggio interplanetario che può durare anche alcuni anni e di avere un sincero e forte spirito di avventura, perché Urano – e gran parte di quello che seguirà da qui in poi – non è particolarmente ospitale: freddo, ventoso, buio, anche maleodorante.

Ma questo è il minimo che ci si possa aspettare da un pianeta che non aveva nemmeno voglia di farsi scoprire!

IL PIANETA MAI VISTO... A OCCHIO NUDO

In effetti, uno degli aspetti curiosi di Urano, almeno dal punto di vista dell'osservatore terrestre, è che nessuno, nell'antichità, si era accorto della sua esistenza. Eppure, per quanto ai limiti della nostra acuità visiva, è visibile a occhio nudo. Oltretutto, millenni fa non c'era nemmeno il problema dell'inquinamento luminoso causato dall'illuminazione artificiale a disturbare l'osservazione del cielo, che, anche nelle città, era sicuramente molto più buio di quello attuale.

Il fatto è che, nonostante qualcuno l'avesse sicuramente visto e magari annotato nel proprio taccuino delle osservazioni, si è dovuto aspettare la seconda metà del Settecento perché ci si accorgesse che il Sistema Solare non terminava con l'orbita di Saturno, ma che proseguiva ben oltre. Uno stupore non solo per gli astronomi, certamente, ma anche per gli astrologi, che fino ad allora avevano prodotto i loro oroscopi basandosi sui soli pianeti conosciuti, omettendo quindi tratti del carattere e della personalità dei soggetti di cui calcolavano il tema natale, ovvero la configurazione del cielo al momento della nascita. Forse non è un caso che nella canzone *Cuccurucucù*, il celebre cantautore siciliano Franco Battiato reciti il verso "... avevo già la Luna e Urano nel Leone"!

Se la scoperta di Urano (e poi di Nettuno, e ancora più in là di Plutone, inizialmente considerato un pianeta e solo successivamente retrocesso alla condizione di "pianeta nano") costrinse gli astrologi ad arrampicarsi sugli specchi per giustificare – si fa per dire! – le loro previsioni basate su un sistema solare incompleto, per gli astronomi fu invece un grande successo della tecnologia e una dimostrazione della volontà e capacità umane di superare sempre i propri limiti di conoscenza.

Uno degli aspetti più curiosi della scoperta di Urano è che a scoprirlo fu un musicista, quasi a voler dimostrare che la classificazione medievale delle discipline di studio aveva un suo fondamento. Nel Medioevo, infatti, le Arti liberali erano considerate propedeutiche allo studio della teologia, la disciplina per eccellenza, perché permetteva di "avvicinarsi" alla comprensione di Dio, e venivano distinte in Trivio (grammatica, retorica e dialettica, ovvero le materie letterarie) e Quadrivio (le materie scientifiche aritmetica, geometria, astronomia ed, ebbene sì, musica). William Herschel (1738-1822), tedesco di Hannover, ma poi naturalizzato inglese, era un discreto musicista quando, a un certo punto della sua vita, mentre si trovava a Bath, si accorse di avere una grande passione per l'astronomia. A quel punto iniziò a costruire telescopi, lavorandone sia le ottiche che le montature, partendo da quelli più piccoli per passare a quelli sempre più grandi, fino ad arrivare a strumenti con aperture e dimensioni di tutto rispetto per quell'epoca. Riuscì anche a vendere alcuni di questi telescopi, considerati fra i migliori in circolazione, finanziando così la costruzione di strumenti sempre più precisi. Ad aiutarlo nello studio della volta celeste, come assistente, c'era sua sorella Caroline (1750-1848), cantante lirica e poi anche lei autodidatta e autrice come il fratello di alcune importanti ricerche astronomiche, come la scoperta di alcune comete e l'osservazione e catalogazione di stelle doppie, ammassi stellari e nebulose.

Urano apparve per la prima volta nell'oculare del telescopio di Herschel il 13 marzo 1781, data in cui annotò di aver scorto un oggetto strano, diverso da una stella, e che forse poteva essere una cometa. Tuttavia, nei giorni successivi, l'oggetto non manifestò alcuna chioma né tantomeno una coda, ma si spostò rispetto allo sfondo delle stelle. Segno che c'era davvero qualcosa di strano. Si spostava, ma non era una cometa, lo si capiva anche dall'orbita che stava percorrendo, troppo poco eccentrica rispetto a quella delle comete. Oltretutto alla vista, appariva come un dischetto, proprio come appaiono gli altri pianeti osservati al telescopio. Che cosa poteva essere, dunque, se non un nuovo pianeta, rimasto sconosciuto fino ad allora? E un pianeta era.

William Herschel, che per lungo tempo pensò di aver osservato una cometa, comunicò le sue osservazioni alla Royal Society e riferì della sua scoperta al re Giorgio III, che all'epoca regnava sull'Inghilterra. Il re rimase così impressionato che decise di nominare Herschel "Astronomo del Re", carica appositamente ideata per lui, e la sorella Caroline sua assistente, trasferendoli da Bath, dove vivevano, a Windsor, dove sorge il celebre castello reale, e assegnando a entrambi uno stipendio per i loro servizi (oltre a studiare il cielo, William e Caroline avevano anche il compito di intrattenere gli ospiti del re mostrando loro il cielo al telescopio). In ogni caso, da quel momento poterono dedicarsi interamente alle loro ricerche astronomiche. Per loro fortuna, perché le loro performance musicali non erano più particolarmente apprezzate dal pubblico, tanto che decisero di cessarle del tutto nel 1782.

Naturalmente la scoperta di Urano portò a William prima la prestigiosa nomina di membro della Royal Society e poi quella di primo presidente della Royal Astronomical Society, fondata nel 1820. Ma anche Caroline Herschel ottenne diversi riconoscimenti e primati, fra cui quello di essere la prima donna a ricevere uno stipendio da scienziata (anche se il suo salario mensile ammontava alla metà di quello del fratello). Non solo: fu anche la prima donna a pubblicare le proprie ricerche sulle riviste scientifiche di allora, a guadagnarsi la medaglia d'oro della Royal Astronomical Society, nel 1828, e, addirittura, a essere nominata membro onorario di quella stessa società, nel 1835, prima donna a essere insignita di questo titolo, contestualmente alla matematica scozzese Mary Somerville (1780-1872).

Grazie al vitalizio assegnatogli dal re, oltre al finanziamento per la costruzione di un grande telescopio riflettore, Herschel costruì alcuni fra gli strumenti più potenti dell'epoca, che gli permisero di fare ulteriori scoperte, fra cui i due satelliti maggiori di Urano, Titania e Oberon, nel 1787, e, due anni dopo, i satelliti di Saturno Mimas ed Encelado, di cui abbiamo già fatto conoscenza. In onore del suo mecenate, Herschel aveva proposto di nominare il nuovo pianeta Georgium Sidus, astro di Giorgio, un po' come fece Galileo con i suoi satelliti medicei (ai quali vennero comunque dati nomi provenienti dalla mitologia greco-romana). Ma evidentemente non era più l'epoca per operazioni di questo tipo. Così, dopo un dibattito che coinvolse molti astronomi di diverse nazionalità, l'astronomo tedesco Johann Bode (1747-1826) risolse la questione una volta per tutte, proponendo di continuare a battezzare gli astri seguendo il solco della tradizione, ovvero proseguendo con la mitologia. A quel punto venne naturale chiamare il pianeta Urano: nella mitologia greca, infatti, Urano è il padre di Crono (Saturno), che, come sappiamo, è a sua volta il padre di Zeus (Giove). Curiosamente, però, invece di attribuirgli il nome latino della divinità, Cielo, si decise per quello greco, Urano, caso unico fra tutti i pianeti del Sistema Solare.

IL COLORE E... LA PUZZA

Per quanto lontano e quindi difficile da osservare, Urano è stato studiato molto anche dai telescopi terrestri e dal telescopio spaziale *Hubble* (Hubble Space Telescope), ma la maggior parte delle informazioni raccolte sul pianeta ci sono arrivate dalla sonda NASA *Voyager 2*, che dopo aver sorvolato Giove nel 1979 e Saturno nel 1981 – integrando le osservazioni della sonda gemella *Voyager 1* – venne diretta verso il pianeta, che raggiunse nel 1986. Durante il sorvolo la sonda si avvicinò fino a 81.500 chilometri dalla superficie del pianeta e raccolse immagini e dati per 6 ore, per poi allontanarsene definitivamente (la meta successiva fu Nettuno, raggiunto nel 1989, e a tutt'oggi gran parte di quello che sappiamo di questi due pianeti lo dobbiamo proprio ai fly-by della *Voyager 2*). Anche per questo motivo, non sono ancora molte le agenzie di viaggi interplanetari che propongono questa meta, senz'altro avventurosa, ma non priva di rischi, dovuti proprio alla scarsa conoscenza del pianeta e del suo ambiente circostante.

Avvicinandovi al pianeta, dai finestrini del vostro astrobus vi accorgerete che la parte superiore dell'atmosfera – quella che è visibile anche dalla Terra – è di un bel **colore verde-azzurro**, praticamente uniforme. In effetti, per quanto i venti scorrano veloci anche in alta quota – a diverse centinaia di chilometri orari, mentre il pianeta ruota su se stesso in poco più di 17 ore – non sono particolarmente evidenti le fasce colorate che rendono invece variegato l'aspetto di Giove e in parte di Saturno, a parte il cosiddetto **Collare sud**, una fascia brillante di colore biancastro che avvolge il polo sud del pianeta. In generale, le calotte polari sono più brillanti delle zone equatoriali, solcate da fasce più scure.

Dopo tutto, Urano è ancora più lontano dal Sole e il clima generale del pianeta risente sicuramente della minore quantità di radiazione solare che arriva a questa distanza. Tuttavia, su lunghi periodi e in specifiche condizioni, si osservano alcuni cambiamenti stagionali, come tempeste di grandi dimensioni, fra cui la Uranus Dark Spot, la **Macchia Scura** di Urano (osservata per la prima volta dal telescopio spaziale *Hubble* nel 2006). Inoltre si possono ammirare alcune nuvole brillanti, di un colore bianco che spicca sullo sfondo colorato del pianeta, e addirittura **aurore**, che, a differenza di quanto avviene sugli altri pianeti, su Urano si manifestano a tutte le latitudini. Questo dimostra come Urano possieda un campo magnetico molto particolare e ancora non ben compreso (altro motivo per cui occorre fare attenzione ad avvicinarsi al pianeta), completamente fuori asse rispetto alla rotazione del pianeta e addirittura decentrato, fatto che fa pensare che il campo venga originato non dal nucleo, come accade negli altri pianeti, ma in strati più vicini alla superficie.

Il colore di cui gode il pianeta è dovuto all'abbondante presenza di metano (la cui molecola assorbe la componente rossa della radiazione solare, mentre diffonde quella verde e azzurra), a cui si aggiungono ammoniaca e acqua. Sono queste tre molecole, nello specifico i loro "ghiacci", a conferire alla superficie visibile del pianeta questo aspetto. E, nel caso in cui voleste annusarne l'atmosfera, a renderla estremamente maleodorante, oltre che, naturalmente, irrespirabile, nel senso letterale del termine.

SIDEWAYS PLANET

Il lettore attento si sarà accorto che poco sopra abbiamo parlato di cambiamenti stagionali. È proprio così: anche Urano ha le **stagioni**. Ma non aspettatevi che assomiglino a quelle del nostro pianeta o di Marte. Su Urano ci sono infatti diversi motivi che rendono il trascorrere delle stagioni molto più estremo. Prima di tutto la distanza del pianeta dal Sole, che fa sì che Urano completi un'orbita in 84 anni terrestri. Non sono molti gli esseri umani che arriverebbero a completare un intero "anno uraniano". Ma c'è un altro aspetto che rende le stagioni di Urano davvero speciali: il fatto che il pianeta ha l'asse di rotazione inclinato di quasi 98° rispetto al piano dell'orbita. In altre parole, il pianeta si muove nello spazio appoggiato di fianco – da cui il nomignolo di "sideways planet" assegnatogli dagli astronomi anglosassoni – e sembra "rotolare" sull'orbita. Una condizione unica nel Sistema Solare, che pone molti problemi ai planetologi, che si domandano come possa essere arrivato a questa configurazione. Un impatto con un altro corpo di grandi dimensioni, due impatti che si sono seguiti a breve distanza l'uno dall'altro, chissà. Il fatto è che Urano è sdraiato sulla propria orbita e questo altera in maniera significativa anche il modo in cui possiamo osservarlo da Terra al passare del tempo.

Proviamo a immaginare di trovarci sulla sua superficie, per esempio a uno dei due poli. Qui, per lungo tempo, durante quelle che chiameremmo primavera ed estate, ci troveremmo rivolti direttamente verso il Sole, con la stella proprio sopra le nostre teste (cosa che sulla Terra accade alle regioni comprese fra i due tropici). Ma, a differenza di quanto accade sul nostro pianeta, dove ogni stagione dura 3 mesi, qui su Urano le stagioni durano 21 anni! In pratica, un ipotetico abitante di un polo di Urano avrebbe il Sole altissimo sopra l'orizzonte per molti anni, mentre gli ipotetici abitanti delle zone equatoriali lo vedrebbero a malapena sorgere e tramontare ogni circa 8 ore e mezzo. Con l'andare avanti dell'anno uraniano, il pianeta si troverebbe a esporre le zone equatoriali – che a quel punto vedrebbero il Sole solcare il cielo ogni giorno, un po' come accade nelle regioni in prossimità del nostro equatore – e poi quelle del polo opposto, che si è trovato al buio e al freddo per 42 anni, in una notte apparentemente senza fine.

Il moto orbitale combinato con la forte inclinazione dell'asse di rotazione danno quindi come risultato stagioni lunghissime e conseguenti condizioni climatiche estreme. Oltre al fatto che, visto dalla Terra, il pianeta talvolta offre alla vista per lunghi anni alternativamente un polo e poi l'altro, rendendo piuttosto complicato comprendere le dinamiche dell'atmosfera nel loro insieme.

GHIACCIO SUPERIONICO

No, non è un'arma speciale di un qualche robot giapponese, come l'alabarda spaziale o il maglio perforante. Il **ghiaccio superionico** esiste davvero e, a dispetto del fatto che il suo nome sia davvero molto poco conosciuto, è forse la forma più diffusa di acqua nel Sistema Solare, se non addirittura nell'Universo! Stupefacente, vero? In effetti, quando sentiamo la parola "ghiaccio", pensiamo ai vari modi in cui si presenta sul nostro pianeta, dai cubetti di ghiaccio nel congelatore, alla grandine o ai fiocchi di neve, fino ai ghiacciai o agli iceberg: in pratica l'acqua allo stato solido, tipicamente raggiunto quando, in condizioni di pressione atmosferica standard (1 atmosfera), la temperatura scende sotto 0 °C. È quella che i fisici chiamano una transizione di fase, dalla fase liquida, appunto, a quella solida.

Probabilmente avrete sentito dire che gli eschimesi hanno più parole per definire la neve. In parte è una leggenda urbana, ma in parte è anche una verità: dipende sostanzialmente da che cosa i linguisti intendono per "parola", perché nelle varie lingue eschimesi – non ne esiste solo una – molte parole composte si ottengono combinando i termini a partire dalla radice del concetto di base, e così, dalle radici della parola "neve", si ottengono parole singole traducibili in italiano con espressioni complesse come "neve nell'aria", "neve per terra", "soffici fiocchi di neve che cadono", "cumulo di neve", "neve per costruire igloo" e così via.

Ora, se nel caso della neve degli eschimesi si tratta di stabilire per convenzione che cosa considerare "parola", non altrettanto accade per il ghiaccio dei fisici. Il ghiaccio d'acqua comune, infatti, è un solido cristallino trasparente, meno denso dell'acqua in fase liquida (questo è il motivo per cui galleggia), freddo al tatto, ovviamente. Difficile immaginare che esistano ghiacci d'acqua neri, o caldi, o neri e caldi. Eppure esistono, e il ghiaccio superionico è proprio uno di questi. Anzi, per i fisici il ghiaccio superionico è correttamente classificato come "ghiaccio XVIII", lasciando intendere che esistono almeno altri diciassette tipi di ghiaccio d'acqua. In pratica, tutti i molteplici modi in cui si presenta il ghiaccio d'acqua che trovate sul nostro pianeta, come la neve, la grandine, i cubetti nei cocktail e gli iceberg, sono composti solo dal "ghiaccio I", anzi, dalla variante più comune, quella costituita da cristalli di forma esagonale, nota come "ghiaccio I_h" ("h" sta per "hexagonal", esagonale; l'altra variante, a struttura cristallina cubica, è presente solo nell'atmosfera superiore, e viene definita "ghiaccio I_c"). Tutti gli altri tipi di ghiaccio sono stati prodotti in laboratorio, in diverse condizioni di temperatura e di pressione. Un inciso per gli appassionati di letteratura fantascientifica: il "Ghiaccio-nove" dell'omonimo romanzo di Kurt Vonnegut non ha niente a che fare con il "ghiaccio IX" dei fisici!

Il "ghiaccio XVIII" è appunto uno di questi, e, nonostante sia stato previsto teoricamente oltre trent'anni fa grazie alle simulazioni al calcolatore dell'italiano Pierfranco Demontis, è stato prodotto in laboratorio solo in tempi recenti (nel 2018). Oltre, come accennato, a essere nero, invece che trasparente, e caldo, invece che freddo, come ci aspetteremmo da una sostanza ghiacciata, ha una struttura cristallina molto diversa dal ghiaccio comune, cioè il "ghiaccio I", e da tutti gli altri ghiacci, dal II al XVII: mentre in queste fasi, la molecola di acqua, composta da un atomo di ossigeno legato a due atomi di idrogeno (da cui la formula H_2O), è intatta, nel "ghiaccio XVIII" si osserva una situazione completamente diversa: gli atomi di ossigeno sono disposti infatti lungo un reticolo cubico (con un atomo di ossigeno posto anche al centro di ogni faccia del cubo), mentre gli atomi (o, meglio, i nuclei) di idrogeno sono liberi di muoversi lungo questo reticolo. Una condizione, questa, che fa assomigliare il "ghiaccio XVIII" a un metallo, dove però a essere liberi di muoversi lungo il reticolo sono gli elettroni, e non gli atomi di idrogeno. In questo reticolo, i nuclei di idrogeno sono carichi positivamente (dopotutto sono semplici protoni!), mentre le nubi elettroniche restano centrate attorno agli atomi di ossigeno, che hanno quindi carica negativa (dal fatto che tutti gli atomi del reticolo abbiano una carica elettrica non nulla deriva l'attributo di "superionico").

Così, in questa strana condizione, l'acqua – che è in parte solida (il reticolo rigido di atomi di ossigeno) e in parte liquida (il mare di nuclei di idrogeno liberi di scorrere) – è anche un conduttore di elettricità, proprio come se fosse davvero un metallo!

I GIGANTI DI GHIACCIO

A questo punto ai lettori potrebbe sorgere spontanea una domanda: ma che c'entra tutto questo ragionamento con Urano? Sui testi di astronomia si legge spesso che Giove, Saturno, Urano e Nettuno sono classificati come giganti gassosi. In un certo senso la classificazione è corretta, perché, in effetti, a differenza dei pianeti cosiddetti terrestri – Mercurio, Venere e Marte, oltre alla Terra, ovviamente – che hanno una crosta solida in superficie, questi sono appunto avvolti da uno spessissimo strato di gas e solo molto all'interno troviamo le sostanze che li compongono in fase liquida o solida. Tuttavia, a studiarli bene, si scopre che in realtà Urano e Nettuno sono molto diversi da Giove e Saturno. Per quanto di grandi dimensioni rispetto ai pianeti terrestri, Urano e Nettuno hanno una composizione chimica differente e sono significativamente meno massicci dei giganti gassosi veri e propri. Questo fa sì che al loro interno si determinino condizioni di pressione e temperatura molto diverse, e quindi si creino materiali differenti dall'idrogeno metallico che abbiamo trovato su Giove, per esempio. Agli astronomi era quindi venuto il forte sospetto che, scendendo negli strati più interni di Urano e Nettuno, si potesse verificare qualche strano passaggio di fase, in particolare per l'acqua, ma anche l'ammoniaca e il metano.

Con la scoperta che il ghiaccio superionico esiste davvero e non è solo il frutto di una simulazione al calcolatore, e considerato che i modelli di struttura interna di Urano e Nettuno prevedono che a una certa profondità si verifichino proprio le condizioni di pressione necessarie a produrlo, molti planetologi adesso ritengono che l'enigma della composizione di questi pianeti possa essere finalmente risolto. In pratica, sotto gli spessi strati gassosi, dovremmo trovare a un certo punto uno strato liquido e poi, ancora più in basso, ma senza un confine vero e proprio fra uno strato e l'altro, uno strato di ghiaccio superionico, quindi un po' solido, un po' liquido, a occupare gran parte del volume dei pianeti. Al centro, infine, dovrebbe trovarsi un nucleo roccioso.

Resta naturalmente il dubbio se il ghiaccio superionico possa formarsi anche in presenza di una miscela con ammoniaca e metano (quello creato in laboratorio è ovviamente ghiaccio d'acqua puro), ma intanto è stato fatto un passo in avanti importante per la comprensione di questi pianeti, che adesso si preferisce classificare come **giganti ghiacciati** o giganti di ghiaccio e non più semplicemente come gassosi. In generale, infatti, con questa denominazione si intende un tipo di pianeta gigante composto principalmente da acqua, metano e ammoniaca, che sono molecole meno volatili di idrogeno ed elio (di cui invece sono essenzialmente composti i giganti gassosi, detti anche pianeti gioviani), ma più leggere delle rocce (silicati, di cui è ricca la crosta terrestre) e dei metalli (come ferro e nichel, che invece si trovano nel nucleo della Terra). Il fatto è che, come accade anche in altre circostanze, gli scienziati si divertono a sovvertire il senso comune e a chiamare "ghiacci" miscele liquide o solide dense e calde – a causa delle alte pressioni – come queste. Per estensione, talvolta i planetologi chiamano direttamente "ghiacci" sostanze come acqua, metano, ammoniaca e altre molecole di peso intermedio, qualunque sia la fase – liquida, solida, o una combinazione di entrambe – in cui si presentano all'interno del pianeta.

Molti astronomi pensano che questo ghiaccio speciale non sia solo prerogativa dei due giganti ghiacciati del Sistema Solare (ma già così sarebbe comunque la forma di acqua più diffusa nel nostro sistema planetario!), ma che sia invece presente anche in altri sistemi planetari extrasolari, dove una classe molto ampia di pianeti è appunto quella dei giganti ghiacciati. Motivo in più per cercare di approfondire la conoscenza di Urano e Nettuno, che sono i giganti ghiacciati più vicini a noi, e quindi più facili da studiare (si fa per dire...). Ma, al momento, le agenzie spaziali non sembrano purtroppo interessate a progettare missioni di studio di questi pianeti.

UNO STRANO MAGNETISMO

Il ghiaccio superionico potrebbe essere anche la soluzione al problema dello strano **campo magnetico** a cui abbiamo accennato sopra. A produrlo sarebbe infatti il mare di nuclei di idrogeno, ovvero di protoni, in movimento all'interno del reticolo solido di atomi di ossigeno. Le correnti elettriche generate da questo movimento sarebbero pertanto all'origine di un campo magnetico completamente diverso da quelli dipolari – ovvero con un polo nord e un polo sud magnetici ben definiti e non lontani dai poli geografici dei pianeti – osservati in tutti gli altri pianeti del Sistema Solare. In questi ultimi, infatti, il campo magnetico è prodotto dal cosiddetto "effetto dinamo", ovvero dalle correnti prodotte dagli strati fluidi profondi trascinati dalla rotazione del pianeta. Il campo magnetico della Terra è, per esempio, uno di questi. Urano e Nettuno hanno invece campi magnetici molto fitti e complessi, con poli magnetici molto distanti da quelli geografici, e pertanto totalmente fuori asse rispetto alla loro rotazione. A generarli non può dunque essere una dinamo, o, almeno, non una dinamo tradizionale come quella terrestre.

Ecco dunque che il ghiaccio superionico e la sua capacità di condurre corrente arrivano in soccorso dei planetologi: a creare il campo magnetico dei giganti ghiacciati deve essere con ogni probabilità uno strato di fluido conduttore non troppo profondo, capace di produrre il campo e i fenomeni magnetici osservati sulla superficie dei pianeti ghiacciati. E che cosa, se non gli strati di "ghiaccio XVIII", potrebbero fare meglio al caso? Ecco anche spiegata la fonte delle curiose **aurore uraniane**, osservate a tutte le latitudini, mentre sugli altri pianeti si verificano solo in prossimità delle regioni polari.

ANCORA ANELLI?

Passando vicino a Giove, abbiamo scoperto che Saturno non è il solo pianeta del Sistema Solare ad avere gli anelli. E infatti anche Urano e Nettuno non potevano fare a meno di avere un sistema di anelli tutto loro.

Gli **anelli di Urano** vennero scoperti quasi per caso. Era il 10 marzo 1977 e il pianeta stava per occultare una stella (l'occultazione è il passaggio di un pianeta davanti a una stella). L'obiettivo dell'esperimento era studiare l'atmosfera di Urano durante la scomparsa e la ricomparsa della stella da dietro il pianeta, ma la luce stellare "scintillò" diverse volte prima dell'occultazione vera e propria (e anche dopo, in maniera simmetrica). Non ci volle molto tempo perché i ricercatori capissero che la luce della stella era stata ripetutamente bloccata da un insieme di anelli stretti.

Due anni dopo fu la volta del tenue sistema di Giove, visibile soltanto nelle fotografie scattate dalla sonda *Voyager 1*, mentre quelli di Nettuno vennero nuovamente scoperti con il metodo delle occultazioni stellari e confermati "visivamente" dalla sonda *Voyager 2* nel suo passaggio ravvicinato con il pianeta del 1989. Osservati dalla Terra, gli anelli di Nettuno apparivano soltanto come deboli archi. Solo grazie alle immagini della *Voyager 2* si scoprì invece che gli anelli erano delle circonferenze complete e che gli "archi" visti da terra erano soltanto addensamenti di materia più brillanti.

Qualche ricercatore ha avuto l'idea di cercarli anche attorno agli altri pianeti, senza esito, però. Per esempio, sono stati cercati attorno a Marte, impiegando il telescopio spaziale *Hubble*. L'idea che si sono fatti gli astronomi è che l'assenza di un grande numero di piccoli satelliti attorno ai pianeti interni è molto probabilmente correlata con l'assenza di anelli. Forse è proprio questo il motivo per cui, nel nostro sistema planetario, solo i giganti gassosi – circondati da cortei di satelliti delle più svariate dimensioni – hanno gli anelli. Tuttavia, a smentire parzialmente questa ipotesi c'è il fatto che in tempi recenti sono stati osservati anelli anche attorno a due asteroidi (Chariklo e Chirone) e a un pianeta nano (Haumea, che ha anche due satelliti).

Anche nel caso di Urano alcuni satelliti originari potrebbero essere andati distrutti da reciproche collisioni oppure, come abbiamo visto parlando di Saturno, potrebbero essersi avvicinati troppo al pianeta, tanto da venire distrutti dagli effetti di marea generati dalla sua stessa gravità, andando così a formare gli anelli. Ricordiamo che la distanza minima a cui un corpo di certe dimensioni può orbitare senza danni per la sua integrità prende il nome di "limite di Roche", dal matematico francese che per primo ne studio le caratteristiche. Un satellite di medie dimensioni come la Luna, invece, che orbita a debita distanza dalla Terra – ovvero oltre il limite di Roche della Terra – può mantenersi intatto.

Tuttavia, l'origine degli anelli, qualunque sia il pianeta attorno a cui si trovano, è ancora dibattuta. Fra l'altro, come gli astroturisti possono notare nei loro sorvoli, gli unici anelli davvero molto brillanti sono quelli di Saturno, gli anelli di Giove sono più scuri e rossi, mentre quelli di Urano e Nettuno sono praticamente incolori e molto scuri; anzi, le osservazioni scientifiche dimostrano che il materiale di cui sono composti gli anelli di Urano è scuro come il carbone. Fatti che suggeriscono modalità evolutive e, forse, origini diverse.

Come aspetto, gli anelli di Urano non sono molto diversi da quelli di Giove, ma, a differenza di questi, sono composti da frammenti di dimensioni abbastanza grandi (alcuni metri), mescolati a una polvere molto fine. In tutto, adesso, si conoscono tredici anelli. Degli undici anelli interni, tutti molto stretti – hanno una larghezza massima di pochi chilometri – il più brillante è quello più esterno. I due anelli esterni, scoperti solo nel 2005 con il telescopio spaziale *Hubble* e molto più lontani dal pianeta, sono invece più larghi e anche colorati; quello interno si presenta di un colore rossastro, mentre quello esterno è azzurro, dato che fa ipotizzare una composizione a base di ghiaccio d'acqua. I frammenti di ghiaccio proverrebbero dalla superficie di una luna che orbita in prossimità dell'anello.

La scoperta degli anelli di Urano – i primi a essere individuati, dopo quelli di Saturno – fu molto importante perché dimostrò che gli anelli non erano una peculiarità di Saturno, ma potevano essere un caratteristica comune ad altri pianeti. La prova, come accennato sopra, venne con la scoperta del sistema di Giove e, più tardi, con l'osservazione di quelli di Nettuno.

Ma gli anelli durano per sempre? Purtroppo la risposta è no. Anzi, potremmo dire che ci troviamo nella fortunata circostanza di vivere in un periodo in cui possiamo osservare gli anelli attorno ad alcuni pianeti del Sistema Solare. Le numerose e continue collisioni all'interno degli anelli planetari dissipano energia, infatti, oltre a consumare i detriti e a renderli sempre più piccoli, così che ci si aspetta che gli anelli non abbiano una vita infinita, anche se sistemi particolarmente massicci come quello di Saturno possono certamente durare a lungo. Non temete, comunque, avete tempo per organizzare la vostra crociera in tutta calma: anche gli anelli di Urano e Nettuno, per quanto meno spettacolari, saranno lì ad aspettarvi!

TEATRO, CHE PASSIONE!

Abbiamo visto che dare i nomi agli astri appena scoperti non è mai stato semplice. Adesso l'Unione Astronomica Internazionale ha fortunatamente imposto qualche regola, ma in passato i nomi si imponevano e prendevano campo in varia maniera, e non sempre, come accaduto con Urano, a battezzare l'astro era lo scopritore.

Per lungo tempo, il numero di pianeti e satelliti è stato piuttosto limitato e, per quanto il consesso degli dèi dell'Olimpo, dei loro parenti, amici, conoscenti, anche mortali, sia assai ampio, si arriva sicuramente a un punto che cominciano a scarseggiare. E comunque, nonostante la mitologia greca – traslata poi in mitologia romana – sia estremamente ricca di personaggi, fra maggiori, minori e anche semplici comparse, non si è sempre pensato di attingere da quella, anche quando diverse divinità erano ancora disponibili a cedere il loro nome a qualche corpo celeste.

Fu così che i primi satelliti di Urano, scoperti ancora da Herschel nel 1787, presero il nome di due personaggi delle commedie di William Shakespeare (1564-1616): **Titania** e **Oberon**, rispettivamente regina e re delle fate nell'opera teatrale *Sogno di una notte di mezza estate*. Fu Herschel stesso a proporre che ai satelliti di Urano venissero attribuiti nomi tratti dalle opere di due poeti inglesi: Shakespeare, appunto, e Alexander Pope (1688-1744), in particolare dal suo poema *Il ricciolo rapito*. Seguendo la sua proposta, anche i successivi due satelliti, scoperti nel 1851 dall'astronomo inglese William Lassell (1799-1880), presero il nome di **Ariel** e **Umbriel**, che sono appunto due personaggi del poema di Pope (in realtà Ariel è anche nella *Tempesta* di Shakespeare). Questi due nomi vennero nuovamente suggeriti da John Herschel, figlio di William, come sappiamo, proprio su richiesta del loro scopritore. Per scoprire il quinto satellite maggiore del pianeta si dovette invece aspettare il 1948, quando l'astronomo olandese Gerard Peter Kuiper (1905-1973) osservò per la prima volta **Miranda**, altro personaggio della *Tempesta*.

Adesso il corteo di satelliti di Urano è arrivato a 27 membri, e tutti i loro nomi rispettano la volontà di Herschel. Attorno al gigante di ghiaccio troviamo quindi lune dai nomi tanto curiosi quanto celebri: Cordelia, Ofelia, Cressida, Desdemona, Giulietta e così via. Alcuni di questi – come Cordelia e Ofelia, per esempio – sono anche satelliti pastori di anelli. Un effetto psicologico da tenere d'occhio è che, a un certo punto del vostro viaggio, sorvolando un "personaggio shakespeariano", vi potrebbe venire la balzana idea di iniziare a declamare il monologo dell'*Amleto*. Se vi dovesse capitare, ascoltate i consigli della vostra guida (perfettamente addestrata ad affrontare anche situazioni di questo tipo): inizialmente i vostri compagni di avventura potrebbero anche apprezzare, ma non approfittatene troppo. A quelle distanze, infatti, il senso di straniamento descritto da tanta fantascienza, accentuato dalla clausura e dalla nostalgia di casa, potrebbe farsi sentire... e a trasformare un tranquillo passeggero in uno spietato assassino di attori improvvisati ci vuole un attimo!

I cinque satelliti maggiori sono comunque quelli più affascinanti da visitare, anche per una breve sosta. Dalle loro superfici si gode di una vista sul pianeta davvero splendida. Molto meno spettacolare è invece la vista sugli anelli, il cui aspetto spettrale – ricordiamo che sono grigi e scuri – sommato al fatto che sono sottili e poco spessi, li rende molto difficili da osservare: tenete infatti conto che satelliti e anelli orbitano sullo stesso piano, per cui si vedono sostanzialmente di taglio. In pratica, muoversi nel sistema di Urano è come visitare un Saturno più freddo, più scuro e più buio, ma non per questo meno interessante. Anche perché, senza l'addestramento necessario per affrontare l'avventura Urano, non si può affrontare nessun'altra avventura, a partire da quella che ci porta sull'ultimo pianeta del Sistema Solare, Nettuno.

CAPITOLO 8

IL DIO DEL MARE

Nettuno è il capolinea di tutte le crociere interplanetarie. Il pianeta che porta il nome del dio romano del mare è infatti, almeno per il momento, l'ultimo corpo di rango planetario a orbitare attorno al Sole, se disposti in ordine di distanza dalla nostra stella.

NETTUNO

PIANETA

Scoperta: Urbain Le Verrier e Johann Galle
Data di scoperta: 23 settembre 1846
Massa: 17,15 volte quella della Terra
Raggio medio: 49.105 km
Temperatura efficace: -220 °C
Durata del giorno: 16,11 ore
Durata dell'anno: 164,88 anni terrestri
Numero di satelliti: 14 (confermati)
Sistema di anelli planetario: sì

Gli astroturisti che si spingono fino qua – a oltre 4 miliardi e mezzo di chilometri dalla Terra – sono ancora molto pochi, mossi soprattutto dal desiderio di arrivare ai confini del Sistema Solare… anche se i veri confini sono molto più lontani, in effetti.

Ma la vista da qui è comunque impressionante. Il pianeta più vicino, Urano, si trova, nella migliore delle ipotesi, ovvero nel punto di massimo avvicinamento delle orbite dei due pianeti, a un miliardo e mezzo di chilometri di distanza, in pratica 10 volte la distanza che separa la Terra dal Sole. Volgendo lo sguardo dall'altra parte troviamo Plutone, qualche altro pianeta nano, ma soprattutto tanti "sassi" di varie dimensioni – chiamati, proprio in virtù della loro posizione, oggetti trans-nettuniani – fra i quali forse si nasconde il famigerato pianeta X, un pianeta che molti sospettano che esista, ma che ancora nessuno ha scoperto, nonostante decenni di osservazioni e ricerche in questa zona sperduta del nostro sistema planetario. In pratica, da Nettuno in poi, gli spazi fra un corpo e un altro sono enormi, i tempi orbitali estremamente lunghi, la luce del Sole sempre più debole, per quanto, anche a queste distanze, rimanga abbondantemente l'oggetto più luminoso del cielo.

SCOPERTO A TAVOLINO

Ogni astroturista che si rispetti deve conoscere gli eventi legati della scoperta di Nettuno: una storia avvincente e curiosa allo stesso tempo, con anche un interessante risvolto di geopolitica. In questa vicenda troviamo infatti la Francia alleata con la Germania… contro l'Inghilterra, in quella che potremmo definire un'anticipazione dell'amicizia franco-tedesca dell'Europa contemporanea, rafforzata dalla reciproca intesa nell'ambito dell'Unione Europea, anche nella gestione della cosiddetta "Brexit" (parola-macedonia ottenuta componendo l'espressione "British exit"), il lungo, sofferto e accidentato percorso che nel 2021 ha portato il Regno Unito fuori dall'Unione a seguito di un referendum popolare svoltosi 5 anni prima.

Ma torniamo alla scoperta di Nettuno. Sin dalla scoperta di Urano, gli astronomi si erano accorti che c'era qualcosa che non andava. I calcoli sulla sua orbita – determinata anche recuperando alcune osservazioni precedenti alla sua scoperta, in cui non era stato riconosciuto come pianeta, ma semplicemente indicato come una stella fissa – davano sistematicamente risultati diversi da quelli dedotti dalle osservazioni. In pratica, Urano si trovava sempre in un posto diverso da quello in cui avrebbe dovuto trovarsi secondo i calcoli. E i calcoli dovevano essere giusti, perché erano gli stessi che permettevano di prevedere con esattezza le posizioni di tutti gli altri pianeti conosciuti.

Dopo tutto, si trattava di applicare leggi ormai ben note, come la legge di gravitazione universale, enunciata da Isaac Newton, e verificare che l'orbita di Urano rispettasse le altrettanto famose tre leggi sul moto dei pianeti, enunciate da Keplero (il già citato Johannes Kepler) fra il 1609, le prime due, e il 1619, la terza, la cui dimostrazione – a forza di calcoli fatti a mano – occupò Keplero per un intero decennio. Per inciso, Newton arrivò alla legge di gravitazione universale proprio dalle leggi di Keplero, per poi dimostrare anche il teorema inverso, secondo cui queste tre leggi sono deducibili applicando proprio la forza di gravità e le leggi della dinamica, descritte nel trattato *Philosophiae Naturalis Principia Mathematica* (*Principi Matematici della Filosofia Naturale*). Il testo, pubblicato nel 1687 dalla Royal Society, introduceva in maniera formale e rigorosa i principi fondamentali della fisica classica (meccanica, idrodinamica e gravitazione, appunto).

Nonostante la matematica e la fisica applicate fossero quelle giuste, Urano si trovava sempre un po' più vicino o un po' più lontano, o un po' più avanti o un po' indietro sulla sua orbita rispetto al punto calcolato. Questo fatto fece presto supporre agli astronomi – gente di scienza, non di magia – che ad alterare il moto orbitale del pianeta dovesse essere un altro corpo di dimensioni planetarie, più distante e quindi ancora sconosciuto, la cui attrazione gravitazionale agiva su Urano perturbandone l'orbita. E qualcuno iniziò a fare i calcoli, a tavolino, con carta e penna, perché all'epoca – siamo a metà del XIX secolo – non esistevano i computer... e nemmeno le calcolatrici da tavolo. In particolare, a cercare di scoprire dove fosse il pianeta misterioso si misero in due, quasi contemporaneamente: il matematico francese Urbain Le Verrier, in forza all'Osservatorio di Parigi, e il matematico inglese John Couch Adams (1819-1892), assistente presso il St. John's College di Cambridge (che in suo onore ha istituito l'Adams Prize, uno dei più importanti premi di matematica del Regno Unito).

Adams, un giovane appena laureato e di carattere riservato, ebbe la sfortuna di scontrarsi con l'iniziale disinteresse dei suoi diretti superiori, l'astronomo James Challis (1802-1882), direttore dell'Osservatorio di Cambridge, e, soprattutto, George Biddell Airy (1801-1892), settimo astronomo reale, direttore dell'Osservatorio Reale di Greenwich, che nel corso della sua carriera scientifica ebbe numerosi altri meriti, ma non quello di contribuire alla scoperta di un nuovo pianeta. I due si accorsero infatti dell'importanza dei calcoli di Adams solo dopo l'arrivo della notizia che in Francia si stava lavorando sulla stessa ricerca. Ma ormai era troppo tardi. Le Verrier, evidentemente più motivato e intraprendente, accortosi che le sue previsioni sul nuovo pianeta non sembravano interessare gli astronomi francesi, si rivolse direttamente all'astronomo tedesco Johann Gottfried Galle (1812-1910), all'epoca in servizio presso l'Osservatorio di Berlino. A differenza degli astronomi inglesi e di quelli francesi, l'astronomo tedesco prese molto seriamente in considerazione i calcoli di Le Verrier, tanto che, una volta ricevuta l'informazione sulla posizione prevista, Galle, assistito dal suo allievo Heinrich Louis d'Arrest (1822-1875), si mise prontamente a caccia del nuovo pianeta.

La lettera di Le Verrier arrivò nel pomeriggio del 23 settembre

1846, e Galle e d'Arrest si misero subito, la notte stessa, a scandagliare il cielo intorno alla posizione prevista dal matematico francese, confrontando quello che vedevano dentro l'oculare del telescopio con quanto era riportato nelle mappe celesti più recenti. Dopo mezz'ora di ricerche, a meno di mezzo grado di separazione angolare dal punto in cui Le Verrier aveva indicato la posizione di Nettuno, trovarono un oggetto non indicato nelle carte a loro disposizione. Era da poco passata la mezzanotte del 24 settembre 1846. La notte successiva trovarono conferma alla loro scoperta osservando che l'oggetto si era spostato rispetto alla posizione annotata la notte precedente. Il pianeta previsto da Le Verrier esisteva davvero!

L'annuncio arrivò alle orecchie degli astronomi inglesi come una tremenda sconfitta. Solo dopo l'ufficializzazione della scoperta, Challis si accorse che, in realtà, anche lui, seguendo le indicazioni fornite da Adams, aveva osservato Nettuno addirittura ad agosto, senza tuttavia accorgersi del fatto che quello era davvero il pianeta che stava cercando, anche perché non in possesso di mappe stellari aggiornate. Nonostante gli iniziali tentativi degli inglesi di attribuire i meriti della scoperta anche ad Adams, fu lo stesso Adams a riconoscere pubblicamente, in un documento presentato alla Royal Astronomical Society, che, per quanto i suoi calcoli fossero precedenti a quelli di Le Verrier, quest'ultimo li aveva pubblicati prima e che pertanto la scoperta andava interamente attribuita a Le Verrier per i calcoli teorici e a Galle per le osservazioni al telescopio. Un successo incredibile per la teoria della gravitazione universale, che si dimostrava capace di prevedere l'esistenza di un pianeta basandosi semplicemente sulle osservazioni di un altro pianeta. Quello stesso anno, la Royal Society premiò Le Verrier con la medaglia Copley, il suo premio scientifico più prestigioso.

Dopo la scoperta di un nuovo corpo nel Sistema Solare, gli astronomi vanno generalmente in cerca di quelle che vengono chiamate osservazioni pre-scoperta (o "pre-covery", contrazione dell'espressione inglese "pre-discovery recovery", ovvero recupero pre-scoperta). Il processo consiste nel cercare l'immagine di un oggetto in riprese o lastre fotografiche precedenti alla sua scoperta, tipicamente allo scopo di calcolare un'orbita più precisa. Questo accade molto spesso con i pianeti minori, ma a volte anche una cometa, un pianeta nano, un satellite naturale o una stella variabile vengono trovati in vecchie immagini archiviate (in tempi recenti sono state ottenute anche osservazioni di pre-scoperta di esopianeti). Per la precisione, gli astronomi distinguono anche fra "pre-covery", che si riferisce a un'immagine precedente alla scoperta, e "recovery" ("recupero"), che invece si riferisce alla riscoperta di un corpo che era stato perso (per esempio, perché nascosto dietro il Sole), ma che poi torna di nuovo visibile (è capitato che gli astronomi abbiano perso di vista un asteroide o una cometa e che poi li abbiano nuovamente ritrovati).

Ora, l'aspetto curioso della storia della scoperta di Nettuno è che il primo a osservarlo fu, ancora una volta, Galileo Galilei, con uno dei suoi primi telescopi. La notte del 28 dicembre 1612 Galileo osserva Giove per studiare i movimenti dei satelliti da lui scoperti pochi anni prima. Nei suoi appunti annota la presenza di una stella di sfondo in prossimità di Giove.

Passa un mese e il 27 gennaio 1613 l'astronomo pisano torna a osservare Giove e nuovamente ad annotare la presenza di una stella nel campo dell'oculare, oltre a quella dei satelliti. Purtroppo per Galileo, in quel periodo il moto di Nettuno era eccezionalmente lento, per cui non fu in grado di accorgersi che in realtà si spostava in cielo rispetto allo sfondo delle stelle fisse. Tuttavia alcuni studiosi ritengono che Galileo dovesse essersi accorto che quel puntino luminoso si era mosso leggermente, ma non esistono prove definitive del fatto che fosse consapevole di aver scoperto un pianeta. Che per essere riconosciuto come tale ha quindi dovuto aspettare oltre due secoli.

OK, MA MERITA VISITARLO?

Per i viaggiatori interplanetari, la tappa Nettuno è sinonimo di frontiera. Nettuno rappresenta le Colonne d'Ercole del nostro sistema planetario. Tutto quello che troviamo oltre – Plutone compreso, che pure è stato considerato un pianeta per oltre 70 anni – sono corpi residui, oggetti che hanno dimora alle estreme periferie, con orbite eccentriche e inclinate, molti dei quali sono resti di materiali provenienti dalle origini del Sistema Solare. Anche nella fantascienza, come per esempio nel film (peraltro piuttosto discutibile, sia nella trama che negli aspetti scientifici) *Ad astra*, firmato dal regista statunitense James Gray nel 2019, Nettuno è il pianeta attorno a cui orbita l'ultimo avamposto abitato da esseri umani.

Dopo aver visitato Urano, l'astroturista inesperto potrebbe pensare che Nettuno sia semplicemente una replica, solo più lontana e quindi più difficile da raggiungere. In realtà, per quanto non molto dissimile come struttura – anche Nettuno è un gigante di ghiaccio, fra l'altro più massiccio e denso di Urano – l'ottavo pianeta del Sistema Solare presenta alcune caratteristiche di rilievo, assolutamente degne di nota. La distanza dal Sole si fa sentire, in termini di quantità di energia che arriva sulla superficie del pianeta, rappresentata ovviamente dagli strati più esterni dell'atmosfera; nonostante questo, gli scambi energetici fra la radiazione solare e i gas atmosferici sono sufficienti a innescare fenomeni meteorologici e climatici anche più significativi di quelli osservati su Urano, pur essendo quest'ultimo molto più vicino al Sole, come dimostrò la sonda *Voyager 2* nel suo sorvolo del pianeta del 1989, che, al momento, rappresenta l'unica osservazione a distanza ravvicinata di questo gigante di ghiaccio.

A differenza di Urano, che "rotola" sulla propria orbita, Nettuno ha un'inclinazione dell'asse di rotazione molto vicina a quelle della Terra e di Marte (leggermente maggiore), per cui beneficia di andamenti stagionali più simili ai nostri... se non fosse per il fatto che ogni stagione dura oltre 40 anni! Il pianeta infatti orbita attorno al Sole in poco meno di 165 anni, mentre ruota su se stesso a velocità abbastanza sostenuta: un giorno nettuniano dura infatti poco più di 16 ore. L'atmosfera di Nettuno è battuta da venti anche molto violenti, che viaggiano a centinaia di chilometri all'ora, capaci di produrre tempeste di notevoli dimensioni, come, per esempio, la **Grande Macchia Scura**, un ovale di migliaia di chilometri di estensione, di colore più scuro rispetto alle regioni circostanti, osservato per la prima volta proprio dalla sonda *Voyager 2* e poi sparito alla vista nelle successive osservazioni condotte con l'Hubble Space Telescope, l'unico altro strumento in grado di produrre immagini e dati di grande rilievo sui fenomeni atmosferici in atto su Nettuno. Assieme a quella, la sonda immortalò anche un'altra macchia scura, più piccola (denominata Dark Spot 2, **Macchia Scura 2**), e un'altra tempesta, costituita invece da una massa di nubi bianche e brillanti che si muovevano a velocità elevate, fatto da cui derivò il nome **Scooter** (sì, proprio così, come i motocicli a pedana divenuti celebri e diffusi in tutto il mondo con la *Vespa* della Piaggio). Adesso sappiamo che le macchie scure si formano continuamente su Nettuno – ne sono state osservate altre nel corso degli anni, sia nell'emisfero settentrionale che in quello meridionale – e sono delle zone di alta pressione collocate a una profondità maggiore rispetto alle nubi bianche circostanti che accompagnano sempre da vicino queste formazioni. Questo fatto di trovarsi in profondità conferisce loro l'aspetto scuro, mentre le nubi bianche brillanti sono costituite da cristalli di metano ghiacciato. Macchie scure e nubi brillanti sono in ogni caso fenomeni tipici e ricorrenti dell'atmosfera nettuniana ed è praticamente certo che si presentino al passaggio di ogni astrobus, anche perché, per quanto non durevoli quanto la Grande Macchia Rossa di Giove, sono strutture relativamente stabili, capaci di persistere anche per diversi mesi.

NEL BLU, DIPINTO DI BLU

Chiunque abbia anche solo sfogliato un volantino turistico di Nettuno avrà notato il suo bel colore azzurro intenso. In effetti è una delle maggiori attrattive del pianeta: illuminato dalla luce solare, il pianeta risplende di un colore molto più brillante e netto del pallido acquamarina a cui ci eravamo abituati mentre eravamo in orbita attorno a Urano. La tinta azzurra, tipica anche dei mari del nostro pianeta, potrebbe far pensare che anche Nettuno sia avvolto da un enorme e profondo oceano di acqua liquida. Ma non è così: alle temperature tipiche che si trovano sulla superficie del pianeta (circa -220 °C) l'unico stato fisico in cui si può trovare stabilmente l'acqua è quello solido, ovvero sotto forma di ghiaccio.

A contribuire a questa colorazione è, invece, ancora una volta il metano, che assorbe le componenti dal rosso al verde della radiazione solare, riflettendo e diffondendo prevalentemente quella blu. C'è però un aspetto ancora misterioso in tutto questo, perché la percentuale di metano nell'atmosfera di Nettuno è molto simile a quella trovata su Urano. Deve quindi essere presente qualche altro meccanismo capace di modificare ulteriormente la colorazione degli strati alti dell'atmosfera nettuniana.

Ma il metano su Nettuno (e forse anche su Urano) potrebbe produrre un fenomeno incredibile, impossibile da verificarsi sulla Terra: la pioggia di diamanti! Sì, avete letto bene, proprio diamanti. All'inizio degli anni Ottanta dello scorso secolo, alcuni esperimenti condotti sul metano ad alta pressione dimostrarono che questo poteva facilmente spezzarsi in singoli atomi di carbonio e di idrogeno (ricordiamo che la molecola di metano è composta da un atomo di carbonio legato a quattro atomi di idrogeno, da cui il simbolo CH_4). Gli atomi di carbonio, così liberati, andavano poi a legarsi fra loro per costituire diamanti, che sono una delle forme in cui può appunto presentarsi il carbonio, un reticolo cristallino composto da soli atomi di carbonio disposti secondo una struttura tetraedrica. Per inciso, è interessante notare come le due forme più note del carbonio rappresentino anche uno dei materiali più duri, il diamante, appunto, e uno dei materiali più morbidi che si conosca: la grafite.

Ora, secondo alcuni ricercatori, le condizioni di pressione e temperatura osservate in laboratorio potrebbero verificarsi anche nelle atmosfere dei giganti ghiacciati, ma molti altri sono dubbiosi, perché sui pianeti il metano non è puro, ma è mescolato con altre molecole, che potrebbero alterare i processi chimici di separazione e ricombinazione da cui poi avrebbero origine i diamanti.

Il fatto è che l'ipotesi delle piogge di diamanti, oltre ad avere un certo fascino, aiuterebbe anche a spiegare alcuni meccanismi presenti nelle atmosfere dei giganti ghiacciati, come lo scambio di calore fra gli strati esterni e quelli più interni e profondi. Naturalmente non è molto sicuro trovarsi ad affrontare una pioggia di diamanti – più simile a una grandinata che a una pioggia, in effetti – ma, d'altra parte, nessuna agenzia di crociere interplanetarie prevede fra le escursioni l'immersione nell'atmosfera di Nettuno, considerata, come quella di tutti i giganti gassosi e ghiacciati, fuori dalla portata di ogni mezzo di trasporto.

L'esperienza con i "tuffi controllati" di alcune sonde, come quello di *Galileo* nell'atmosfera di Giove (nel 2003) o di *Cassini* nell'atmosfera di Saturno (nel 2017), ci insegna infatti che sono state inesorabilmente schiacciate dalle alte pressioni incontrate in profondità, poco dopo il loro ingresso fra le nubi. Quindi, se pensavate di portarvi a casa un prezioso souvenir dell'atmosfera nettuniana, niente da fare: è meglio che vi orientiate verso qualcosa di meno costoso, fiduciosi del fatto che nessuno di voi sia disposto a sacrificare la propria vita per un diamante!

LA COMPAGNIA DI NETTUNO

Come per Urano, non fu né facile né immediato decidere quale nome attribuire al pianeta appena scoperto. Le Verrier fu il primo a proporre Nettuno, seguendo lo schema di attribuire ai pianeti nomi di divinità della mitologia romana. Nel frattempo gli inglesi avevano proposto Oceano, uno dei titani, figli di Urano e Gea (la Terra). Ma poi, preso da un impeto di egocentrismo, Le Verrier pensò di attribuirgli il proprio nome. Qualcuno, in Francia, per giustificare quella proposta, iniziò addirittura a chiamare Herschel il pianeta Urano (dal nome del suo scopritore), ma fuori dai confini francesi l'idea venne naturalmente molto osteggiata. Alla fine prevalse il buon senso, e la nomenclatura dei pianeti rimase per fortuna coerente, anche se, come sappiamo, Urano deriva il proprio nome da una divinità greca, invece che romana. Con Nettuno, invece, siamo di fronte al nome del potentissimo dio romano del mare, identificato nella mitologia greca con Poseidone, anche lui, come Zeus (Giove), figlio di Crono (Saturno).

Non è un caso, quindi, che il principale satellite di Nettuno, individuato pochi giorni dopo l'annuncio della scoperta del pianeta, porti il nome di **Tritone**, figlio primogenito di Poseidone. A scoprirlo, il 10 ottobre 1846, fu un astronomo inglese di cui abbiamo già fatto conoscenza: William Lassell, poi autore di altre rilevanti scoperte, come quella del satellite di Saturno **Iperione** e dei satelliti di Urano **Ariel** e **Umbriel**.

Tritone è una luna di tutto rispetto, con la particolarità di essere l'unica, in tutto il Sistema Solare, a percorrere l'orbita attorno al pianeta in moto retrogrado: in pratica si può dire che Tritone viaggia contromano (ma comunque in rotazione sincrona, ovvero con la durata di una rotazione uguale alla durata di una rivoluzione, pari a circa 6 giorni). Quando la sonda *Voyager 2* la sorvolò, vide un mondo freddo e desolato, avvolto da un manto di azoto ghiacciato, ma con un'importante attività geologica. Sulla sua superficie si trovano infatti numerosi **criovulcani** che eruttano azoto liquido e altri composti, producendo anche una tenue atmosfera. Gran parte della superficie di Tritone, quindi, è relativamente giovane e povera di crateri, perché si riforma continuamente. Con il satellite di Giove Io e con quello di Saturno Encelado, Tritone è l'unico altro corpo del Sistema Solare a mostrare evidente attività vulcanica, ovviamente escludendo il nostro pianeta.

Qualche astrobiologo, ipotizzando l'esistenza di un mare sotterraneo, come su Europa, ha anche supposto che su Tritone possano essersi sviluppate forme di vita acquatica – in ogni caso profondamente diverse da quelle che conosciamo – ma le condizioni ambientali, già proibitive, sono ulteriormente aggravate dalla presenza del campo magnetico del pianeta, che incombe sul satellite, con caratteristiche molto simili a quelle già descritte per il campo magnetico di Urano.

Un'escursione su questa luna è comunque meritevole, non solo per assistere da vicino a qualche bello spruzzo di azoto liquido – attenzione però, i getti possono essere particolarmente violenti! – ma anche per visitare una regione con una struttura geologica unica in tutto il Sistema Solare: il **terreno a cantalupo**, così chiamato perché assomiglia alla caratteristica buccia di un melone, molto ruvida e percorsa da un fitto intreccio di rilievi e avvallamenti. In questa estesa zona di Tritone si trovano infatti diversi crateri, di qualche decina di chilometri di diametro, ma non sembra che la loro origine sia dovuta a impatti meteoritici. Dato il loro aspetto regolare, sembra piuttosto che abbiano avuto origine da attività geologiche o vulcaniche endogene, come, per esempio, la risalita in superficie di materiali più leggeri provenienti dagli strati più interni.

Prima di ripartire da Tritone, voltatevi un attimo verso Nettuno. Da qui, infatti, si gode di una splendida e unica vista sul pianeta (a patto di atterrare sulla faccia della luna rivolta verso il pianeta). Osservato dalla superficie di Tritone, infatti, Nettuno occupa addirittura 6° di cielo. In confronto, la Luna, vista dalla Terra, occupa appena mezzo grado di cielo.

Ancora prima di decidere per un'escursione su questa luna, verificate di avere l'abbigliamento adatto: con una temperatura media di –240 °C, Tritone è addirittura più freddo di Plutone (a cui assomiglia molto, anche come composizione, tanto da far ipotizzare ai planetologi che non si sia formato nei pressi di Nettuno, ma che sia piuttosto stato catturato dal pianeta) ed è con ogni probabilità uno dei corpi più freddi di tutto il Sistema Solare!

Oltre a Tritone, dei 14 satelliti di Nettuno conosciuti, c'è sicuramente da citare **Nereide**, scoperto da terra nel 1949, il satellite con l'orbita più eccentrica fra tutte le lune del Sistema Solare, e **Proteo**, scoperto nel 1989 dalla sonda *Voyager 2*, più grande di Nereide, ma più difficile da osservare, sia perché orbita molto vicino al pianeta, sia perché condivide, assieme al satellite di Marte Phobos e a quello di Saturno Phoebe, la non invidiabile proprietà di essere fra gli oggetti più scuri del nostro sistema planetario.

Muovendovi sopra e sotto il piano orbitale dei satelliti, potrete scorgere anche il sistema di **anelli di Nettuno**, di cui abbiamo già fatto conoscenza parlando di quello di Urano. In tutto gli astronomi hanno contato almeno cinque anelli principali, a cui hanno attribuito i nomi dei cinque scienziati che hanno contribuito alla scoperta del pianeta e del suo primo satellite: Galle, Le Verrier, Lassell, Arago e Adams. Ma, aspettate, avete anche voi notato un intruso? Galle, Le Verrier, Lassell e Adams li conosciamo già, ok, ma Arago chi è?

François Arago (1786-1853), all'epoca in cui Le Verrier iniziò a interessarsi a Urano, era direttore dell'Osservatorio di Parigi – nominato dall'imperatore Napoleone Bonaparte in persona – e fu lui a suggerire al matematico di interessarsi al problema delle anomalie osservate nell'orbita del pianeta scoperto da Herschel. Figura rilevante nella Francia della prima metà dell'Ottocento, anche come politico, Arago, oltre che di astronomia, si occupò di matematica e fisica. Con una piccola macchia nel curriculum, quando, essendo Le Verrier un suo protetto, sostenne con forza la proposta di dare il nome del matematico al pianeta appena scoperto. Ma l'astronomia alla fine mette d'accordo tutti, e ora, sotto forma di anelli, i due francesi orbitano pacificamente attorno a Nettuno in compagnia di un tedesco e di due inglesi. Chissà che cosa ne avrebbe pensato d'Arrest!

CAPITOLO 9

CORPI MINORI... MA TANTI!

Fino a pochi anni fa, sui libri di astronomia si leggeva che i pianeti del Sistema Solare erano nove. Ma nel 2006 l'Unione Astronomica Internazionale retrocesse Plutone al rango di "pianeta nano", così che Plutone ha conservato lo status di pianeta per appena 76 anni. Fu infatti scoperto nel 1930 dall'astronomo statunitense Clyde Tombaugh (1906-1997) dal Lowell Observatory, in Arizona. Ma per puro caso. Tombaugh stava basando la sua ricerca su alcuni calcoli, secondo i quali, considerando i moti perturbati di Urano e Nettuno, oltre l'orbita di quest'ultimo avrebbe dovuto trovarsi un altro pianeta. Quei calcoli si rivelarono errati, ma il caso volle che il pianeta venisse comunque trovato.

PLUTONE

PIANETA NANO

Scopritore: Clyde Tombaugh
Data di scoperta: 13 marzo 1930
Massa: 0,002 volte quella della Terra
Raggio medio: 1151 km
Temperatura min/max: -233/-223 °C
Durata del giorno: 6,39 giorni terrestri (moto retrogrado)
Durata dell'anno: 248 anni terrestri
Numero di satelliti: 5
Sistema di anelli planetario: no

Il fatto è che adesso, dopo quella retrocessione a tavolino, non c'è più un'agenzia di viaggi interplanetari che preveda una crociera fino a Plutone. Troppo lontano, con l'orbita troppo inclinata, insomma, troppo difficile da raggiungere. E poi, che ci sarà mai da vedere?

UN "CUORE" DI GHIACCIO

Invece, per gli avventurieri dello spazio, **Plutone** ha il suo fascino. Per raggiungerlo, tuttavia, l'unico modo, al momento, è quello di noleggiare un minivan spaziale su Tritone, la luna principale di Nettuno, dove si trovano gli unici astro-noleggiatori disposti a fornirvi un mezzo con chilometraggio illimitato – in questo caso serve davvero, ve lo garantiamo! – senza eccessivi sovrapprezzi. Se, per esempio, vi venisse l'idea di noleggiare un minivan spaziale dall'orbita di Urano verso Plutone, scoprireste che il costo sarebbe superiore a quello dell'intera crociera!

Avrete bisogno di una guida molto esperta, che vi possa condurre in sicurezza sulla giusta traiettoria. Altrimenti il rischio è quello di perdersi nell'estrema periferia del Sistema Solare... dove la luce è così tenue che non è possibile nemmeno ricaricare le batterie con i pannelli solari. A proposito: prima di noleggiare il minivan, assicuratevi di avere il "pieno" di carica, e magari anche una batteria di riserva.

Se vi capiterà di avvicinarvi a Plutone come fece la sonda della NASA *New Horizons* (Nuovi orizzonti), lanciata nel 2006 e arrivata nel 2015, dopo un lungo e tortuoso viaggio attraverso il Sistema Solare, vedrete dai finestrini un'estesa caratteristica superficiale a forma di cuore. I planetologi hanno voluto chiamarla **Tombaugh Regio**, proprio in onore dello scopritore di questo corpo remoto. All'interno di questa regione si trova una zona, praticamente il "lobo occidentale" del cuore, denominata **Sputnik Planitia**, naturalmente in onore dello *Sputnik 1*, il satellite sovietico che per primo, il 4 ottobre 1957, orbitò attorno al nostro pianeta. Formatasi forse a causa di un grande impatto, questa struttura in origine doveva essere un cratere profondo, si pensa parzialmente riempito di acqua, prima liquida, poi rapidamente congelata, proveniente dagli strati interni del pianeta nano; adesso è totalmente rivestita di azoto congelato, come d'altra parte la maggior parte della superficie di Plutone. Ma oltre all'azoto congelato, qui troviamo anche ghiacci di metano e di ossido di carbonio (il già citato ghiaccio secco), oltre al ghiaccio d'acqua. Ma non un ghiaccio d'acqua come quello del nostro congelatore: a queste temperature, infatti, il ghiaccio d'acqua è duro e resistente come l'acciaio. Su Plutone, con questo ghiaccio d'acqua si sono formate vere e proprie catene montuose. Se deciderete per un'escursione sulla superficie, una volta scesi dal vostro astrotender guardatevi intorno: le montagne che vi circondano sono veri e propri iceberg, nel senso letterale del termine. Solo che intorno non hanno mare, ma altri tipi di ghiaccio.

Una parte delle sostanze trovate sotto forma di ghiacci in superficie si trova anche nella sottile atmosfera che avvolge il pianeta nano: azoto, metano e ossido di carbonio rendono l'aria non solo irrespirabile, ma anche nebbiosa. Su Plutone troviamo infatti una foschia stratificata, composta da una fuliggine che trasforma l'osservazione del cielo in un'esperienza non così emozionante come potrebbe invece essere nel "grande buio" in cui ci troviamo. In ogni caso, visto da Plutone, il Sole, pur essendo 1600 volte meno luminoso rispetto a come lo vediamo sulla Terra, è comunque 250 volte più brillante della Luna piena, quindi sufficientemente luminoso non solo per superare in brillantezza qualunque altro oggetto presente in cielo, ma anche difficile da guardare direttamente senza rimanere abbagliati!

MA CHE COSA HA FATTO DI MALE?

Al di là di tutto, il motivo che spinse gli astronomi a "squalificare" Plutone dal rango di pianeta era – ed è – puramente scientifico: riguarda infatti l'origine e l'evoluzione del Sistema Solare. Uno dei requisiti per essere considerato un pianeta, infatti, è quello che il corpo sia dominante nella regione di spazio in cui orbita, ed è legato al processo di formazione dei pianeti, che assunsero la loro massa attuale catturando via via tutti i detriti (i cosiddetti planetesimi) che si trovavano lungo il loro cammino attorno al Sole. Ma se questo è vero per i primi otto pianeti, che possono definirsi arrivati a "maturazione", non è altrettanto valido per Plutone, le cui vicinanze sono affollate da miriadi di corpi minori. Senza contare il fatto che la sua orbita è fortemente inclinata rispetto al piano orbitale di tutti gli altri pianeti e talmente eccentrica, da incrociare addirittura quella di Nettuno, venendosi talvolta a trovare più vicino al Sole di quest'ultimo. Ecco perché, pur con la forte contrarietà di buona parte della comunità astronomica statunitense – dopo tutto, Plutone era l'unico pianeta scoperto dall'altra parte dell'oceano! – l'Unione Astronomica Internazionale votò a maggioranza per spostare Plutone in una nuova categoria di corpi del Sistema Solare, i pianeti nani, appunto.

Adesso sappiano che Plutone ha cinque satelliti, di cui **Caronte**, il primo a essere scoperto, nel 1978, è il principale. Anzi, il rapporto fra le dimensioni di Plutone e Caronte (il raggio di quest'ultimo è circa pari alla metà di quello del pianeta nano), oltre alla notevole somiglianza delle loro caratteristiche fisiche, ha fatto pensare che ci si potesse trovare davanti a un pianeta nano doppio, piuttosto che a un pianeta nano con satellite. Un aspetto importante – anche per gli astroturisti che vogliono avventurarsi in un'escursione su Caronte – è che gli effetti mareali hanno saldamente bloccato i due corpi in una rotazione sincrona reciproca: in pratica, sia Plutone che Caronte ruotano attorno ai loro assi nello stesso tempo in cui orbitano reciprocamente attorno al comune centro di massa del sistema che – caso raro nel Sistema Solare – si trova al di fuori del corpo principale, ovvero di Plutone (proprio perché Caronte è particolarmente massiccio: la sua massa è pari al 12 per cento di quella del pianeta nano). Così, visto dalla superficie di Plutone, Caronte mostra sempre la stessa faccia, e, viceversa, osservato dalla superficie di Caronte, Plutone espone sempre lo stesso emisfero. Questo significa che da alcune zone di Plutone Caronte è sempre visibile, mentre da altre non lo è mai. Lo stesso ragionamento vale a parti invertite.

Se volete un consiglio, chiedete alla vostra guida di portarvi nell'emisfero di Plutone da cui Caronte è ben visibile, perché lo spettacolo è davvero straordinario. Visto dalla superficie del pianeta nano, il satellite occupa 4 gradi angolari di cielo, in pratica appare otto volte più grande della Luna piena. Ma anche al culmine della sua luminosità, ovvero nella fase di "Caronte pieno", la sua luce non può mai competere con quella che illumina il nostro pianeta durante i pleniluni. La distanza dal Sole è enorme, e qui arriva ormai una piccolissima frazione della sua radiazione.

UN CANE... AMICO DI UN TOPO!

Parlando di Plutone non possiamo non parlare di Pluto. Sì, proprio lui, il cane fedele compagno di Topolino, uno dei personaggi più celebri della "banda Disney". Per capire il legame, occorre prima di tutto sapere che Plutone, in inglese, si scrive Pluto. All'epoca, all'oggetto appena scoperto, pensando che si trattasse di un pianeta, venne ovviamente assegnato il nome di una divinità romana. Nel caso specifico, sembrò opportuno attribuire al pianeta più distante dal Sole il nome della divinità degli Inferi, cioè dell'oltretomba, che si ispirava al dio greco Ade.

Curiosamente, la storia racconta che a proporre il nome Plutone fu una ragazzina inglese di 11 anni, Venetia Burney (1918-2009), la cui idea, pervenuta dagli astronomi inglesi a Clyde Tombaugh, piacque molto a quest'ultimo, anche perché le prime due lettere del nome riprendevano le iniziali di Percival Lowell – lo stesso dei canali di Marte – che per primo aveva predetto l'esistenza del pianeta. Per quanto qualcuno abbia sollevato dubbi sulla veridicità di questa storia, resta il fatto che Venetia Burney venne ufficialmente accreditata come prima proponente. E questo rimase il suo unico contributo alla scienza astronomica. Per inciso, anche i nomi dei satelliti di Plutone (**Notte**, **Idra**, **Cerbero** e **Stige**) si ispirano tutti a figure mitologiche connesse al mito dei morti: Caronte, reso famoso dal celebre verso dantesco "Caron dimonio, con occhi di bragia", è appunto il traghettatore che trasporta le anime dei morti da una riva all'altra del fiume Acheronte, per condurli all'ingresso degli Inferi.

Si dà il caso che proprio nell'autunno del 1930 Walt Disney (1901-1966) avesse iniziato a far comparire nei cartoni animati prima, e nei fumetti poi, un cane, una sorta di bracco di colore giallo ocra e con una coda nera lunga e sottile. Fra l'altro, in molti ancora oggi si chiedono come sia possibile che Pippo, che pure è un cane, possa avere aspetto antropomorfo e parlare – e diventare anche un supereroe mangiando arachidi – mentre Pluto possa solo fare affidamento a versi, gesti e smorfie da cane, ma si sa, nel mondo della fantasia tutto è possibile.

Nelle sue prime apparizioni, il cane si chiamava Rover, ma presto gli autori dei fumetti si resero conto che era un nome un po' troppo diffuso e non identificava bene il personaggio. Plutone era stato scoperto pochi mesi prima e, forse, battezzare il cane amico di Topolino come il pianeta sembrò un'idea utile per renderlo altrettanto famoso. Pare che non esistano documenti ufficiali sulle origini di questa scelta, ma poco importa: dal 1931 in poi, Rover diventò Pluto e così è ancora.

A CACCIA DEL PIANETA X

Subito dopo la scoperta di Nettuno, gli astronomi iniziarono a speculare sull'esistenza di un pianeta la cui orbita si estendesse oltre quella di Nettuno, individuato nel 1846 proprio grazie ai calcoli sulle perturbazioni gravitazionali osservate nell'orbita di Urano. Fu in quel momento che nacque l'ipotesi del **Pianeta X** (ora, più correttamente, si può chiamare **Pianeta Nove**), sviluppata inizialmente da Percival Lowell, come anticipato, che prese in prestito il nome già utilizzato in precedenza dall'astronomo francese Gabriel Dallet. Ricordiamo che il simbolo X non si doveva leggere come numero, ma come lettera, simbolo dell'incognito. Tuttavia, la successiva scoperta di Plutone, nel 1930, non eliminò del tutto l'idea che altri pianeti potessero orbitare attorno al Sole a distanze ancora maggiori.

La scoperta, in tempi più recenti, di **corpi trans-nettuniani** (TNO, dall'inglese Trans-Neptunian Object) di dimensioni planetarie come **Eris**, **Makemake**, **Haumea**, **Sedna**, **Quaoar** e altri, connessa all'osservazione che molti di essi seguono orbite particolari, spiegabili ammettendo l'esistenza di un pianeta di massa almeno terrestre in grado di produrre le anomalie gravitazionali osservate, ha riportato in auge l'ipotesi del Pianeta X. Possiamo osservare, di passaggio, come i nomi che abbiamo appena citato rivelino il definitivo ampliamento delle mitologie da cui attingere per battezzare i corpi del Sistema Solare. Ma, al momento in cui scriviamo, di questo pianeta ancora non si hanno evidenze certe. Ragione per cui, se volete spingervi con le vostre escursioni anche oltre Plutone, potete certamente farlo, a patto che abbiate la completa consapevolezza che vi state addentrando in regioni oscure, non solo perché qua la luce del Sole è sempre più debole, ma anche perché, davvero, sono ancora in gran parte inesplorate.

MANCA DAVVERO UN PIANETA?

Quando era già stato scoperto Urano, ma ancora non si sapeva dell'esistenza di Nettuno, gli astronomi si interrogavano sulla strana assenza di un pianeta fra Marte e Giove. Le orbite dei due pianeti sono infatti molto distanti e, secondo una legge empirica, denominata "legge di Titius-Bode", dal nome dei due astronomi che la enunciarono, là in mezzo avrebbe dovuto trovarsi un altro corpo in orbita attorno al Sole. Quel corpo in effetti esisteva, ma presto si scoprì che non era l'unico, anzi ce n'erano a migliaia: solo alcuni, pochi, sono simili a piccoli pianeti (da cui deriva anche il nome pianetini), molti altri, la grande maggioranza, sono invece essenzialmente rocce di varie forme e dimensioni. A un certo punto, William Herschel propose di chiamarli asteroidi ("simili a una stella"), perché così piccoli da apparire puntiformi alla vista telescopica, e si decise di chiamare **fascia principale** degli asteroidi quella zona del Sistema Solare compresa fra le orbite di Marte e Giove, che appunto comprende la maggior parte di questi corpi minori, detriti di un pianeta che non è mai nato, a causa delle perturbazioni gravitazionali del gigante gassoso (figuriamoci se Giove non si metteva a fare il dispettoso come la divinità di cui porta il nome!).

Con un diametro di poco inferiore a 1000 chilometri, **Cerere**, "Ceres" in latino – proprio come la celebre marca di birra, che prende il nome dalla stessa divinità romana, dea della fertilità e nume tutelare dei raccolti – è il più grande asteroide in dimensioni della cosiddetta fascia principale. Cerere è anche l'asteroide più massiccio della fascia, in quanto contiene circa il 30 per cento della massa di tutti gli altri asteroidi combinati. La sua scoperta si deve all'italiano Giuseppe Piazzi (1746-1826), che lo scorse casualmente la prima volta la notte del 1° gennaio 1801 dall'Osservatorio di Palermo, mentre era intento ad analizzare la posizione delle stelle di un catalogo. Confuso all'inizio per una stella, Cerere venne osservato da Piazzi nelle notti immediatamente successive, mostrando un evidente moto proprio rispetto alle stelle dello sfondo. Fu a quel punto che Piazzi poté annotare sul suo diario che: "La sera del 3 [gennaio] il mio sospetto divenne certezza, essendomi assicurato che essa non era stella fissa". Cerere fu considerato a lungo un pianeta, e rimase elencato come tale in tavole e libri astronomici per circa mezzo secolo, finché non furono scoperti altri pianetini.

Lo scopritore, Giuseppe Piazzi, nacque nel paesino lombardo di Ponte in Valtellina. Entrato nell'Ordine dei Teatini nel 1764, venne ordinato sacerdote nel 1769, dopo essere stato introdotto con i suoi studi anche alla matematica e all'astronomia. Al termine di un periodo dedicato all'insegnamento della filosofia, della matematica e della teologia dogmatica, nel 1780 Piazzi ottenne la concessione per la costruzione di un osservatorio astronomico a Palermo, che una volta terminato prese il nome di Osservatorio Nazionale del Regno delle Due Sicilie. Fu proprio da questo osservatorio che Piazzi scoprì Cerere, a cui egli stesso diede il nome di Cerere Ferdinandea, in onore di re Ferdinando III di Sicilia, che in seguito, nel 1816, divenne Ferdinando I delle Due Sicilie. In onore dell'astronomo italiano, invece, venne battezzato Piazzia il millesimo asteroide scoperto (nel 1923).

Fra i corpi della fascia principale, Cerere è uno dei pochi ad avere forma praticamente sferica, grazie al fatto che la sua massa è sufficiente per "modellarlo" gravitazionalmente: per questo motivo l'Unione Astronomica Internazionale lo promosse al rango di pianeta nano, proprio nella stessa riunione in cui vennero decise le sorti di Plutone. Così, da un lato Plutone fu retrocesso, dall'altro Cerere venne promosso. Adesso conosciamo anche altri pianeti nani (i già citati Eris, Makemake e Haumea, oltre ovviamente a Plutone), tutti scoperti in tempi molto recenti, ma Cerere è l'unico pianeta nano del Sistema Solare interno.

Una visita su Cerere rappresenta davvero una vacanza alternativa rispetto ai grandi viaggi interplanetari. Da qui avrete un punto di osservazione unico nel Sistema Solare: guardando verso il Sole vedrete l'intero corteo dei pianeti interni, mentre volgendo lo sguardo dalla parte opposta potrete scrutare gli ampi spazi del Sistema Solare esterno.

In orbita attorno al pianeta nano troverete la sonda *Dawn* (alba) della NASA, che è lì dal 2015, dopo aver visitato l'asteroide **Vesta**, che è – dopo la promozione di Cerere a pianeta nano – l'asteroide più grande della fascia principale. Qualunque viaggio vogliate fare in mezzo alla fascia degli asteroidi, non temete, non è così pericoloso attraversarla come vi fanno credere molti film di fantascienza, in cui sembra che passare da quelle parti sia come finire sotto un bombardamento di sassi, rocce e macigni delle dimensioni più disparate, tutti concentrati a colpire l'astronave di turno. Non è per niente così, e lo sappiamo perché diverse missioni ci sono passate nel mezzo e non hanno incrociato un solo asteroide lungo il loro percorso, anzi, sono dovute andare a cercarli appositamente per studiarli da vicino.

LA FASCIA DI KUIPER

Oltre alla fascia principale, vi è un'altra zona del Sistema Solare particolarmente popolata da asteroidi (e di comete): è la **fascia di Edgeworth-Kuiper** o fascia di Kuiper, per semplicità, dai nomi degli astronomi che ne hanno ipotizzato l'esistenza, l'irlandese Kenneth Edgeworth (1880-1972), e l'olandese Gerard Peter Kuiper; si tratta di un largo anello che si estende dall'orbita di Nettuno fino a oltre 50 unità astronomiche dal Sole (l'unità astronomica è un'unità di misura delle distanze, pari alla distanza media Terra-Sole, circa 150 milioni di chilometri). Come abbiamo visto, i corpi che popolano questa zona alla periferia del nostro sistema planetario prendono il nome generico di corpi trans-nettuniani o di KBO (Kuiper Belt Objects, oggetti della fascia di Kuiper).

Se escludiamo il sistema Plutone-Caronte, che pure è considerato un KBO, il primo oggetto trans-nettuniano, chiamato 1992 QB1, venne scoperto nel 1992, e la caccia agli asteroidi della fascia di Kuiper e oltre è uno dei capitoli più avvincenti della ricerca attuale all'interno del Sistema Solare.

È infatti in questa zona che in tempi recenti sono stati rinvenuti corpi di forma sferica e di dimensioni paragonabili a quelle di Plutone, tanto che la posizione di quest'ultimo come nono pianeta del Sistema Solare vacillava da diverso tempo: fino appunto all'annuncio della scoperta del TNO chiamato definitivamente **Eris**, la dea greca della discordia, dopo che per un certo periodo era stato ufficiosamente battezzato **Xena** (in onore della principessa guerriera protagonista di una nota serie televisiva statunitense), con un'orbita fortemente ellittica che lo porta a quasi 100 unità astronomiche dal Sole, con un diametro leggermente minore di quello di Plutone, ma con una massa significativamente maggiore. Nonostante gli scopritori avessero annunciato di aver scoperto il fantomatico Pianeta X, fu proprio questo TNO a costringere l'Unione Astronomica Internazionale a fornire una definizione di pianeta che escludeva di fatto Plutone, trasformando Eris nel pianeta nano più massiccio conosciuto (ma non il più grande, per qualche decina di chilometri!).

CENTAURI, MA SENZA MOTOCICLETTA

Fra le orbite di Giove e Nettuno esiste una ristretta popolazione di asteroidi (poche centinaia, fino a ora), le cui orbite intersecano quelle dei pianeti giganti del Sistema Solare: Giove, Saturno, Urano e Nettuno. Il primo asteroide osservato in questa zona fu **Chirone**, scoperto nel 1977. Questo corpo, che si muove fra le orbite di Saturno e Urano, è il prototipo della classe di asteroidi denominati Centauri, oggetti di transizione fra la fascia principale e quella di Kuiper. Anni fa, Chirone mostrò infatti che, talvolta, il confine fra cometa e asteroide è molto labile: al suo passaggio al perielio, nel 1988, sviluppò una chioma di gas e polveri che lo fece classificare come cometa periodica. Così che, con un diametro superiore a 150 chilometri, oltre che asteroide, Chirone è anche una delle più massicce comete periodiche conosciute del Sistema Solare, e gli astronomi ipotizzano che abbia anche un sistema di anelli. Proprio per la loro natura ambivalente, questi corpi derivano il nome dalle creature della mitologia greca, i Centauri, appunto, il cui corpo era per metà uomo e per metà cavallo.

Ci sono minicrociere che partono sia da Titano, quindi dal sistema di Saturno, che da Titania, nel sistema di Urano, a seconda della posizione reciproca dei pianeti con Chirone: un'escursione su questo oggetto può dare sicuramente l'ebbrezza di atterrare su un corpo attivo, ma forse, a quel punto, merita mettersi in coda per un biglietto verso la prima cometa disponibile, perché quelle sì che sono davvero escursioni da sballo!

FORIERE DI SVENTURA?

Fino a qualche secolo fa, il passaggio di una **cometa** veniva interpretato come segno premonitore di sventure e calamità. La morte di un re o di un imperatore, lo scoppio di una guerra, il dilagare di un'epidemia, come pure un terremoto, un'inondazione o un inverno particolarmente rigido erano annoverati fra i possibili eventi annunciati dall'osservazione di una cometa. Motivo di queste credenze era l'inspiegabilità del fenomeno, associato all'ulteriore credenza nella staticità, immutabilità e perfezione della sfera celeste. L'improvvisa apparizione di un corpo luminoso e la sua altrettanto misteriosa sparizione, il suo passaggio rapido fra le stelle, il suo mutevole e inconsueto aspetto, la sua traiettoria così diversa da quella dei pianeti erano perciò la dimostrazione che il cielo voleva avvisare che qualcosa di tremendo stava per avvenire agli inermi testimoni dello straordinario evento. E il disorientamento era tale che ancora ai tempi di Galileo non vi era assolutamente certezza sul fatto che le comete fossero fenomeni celesti o terrestri, tipo emanazioni di gas del nostro pianeta o curiosi eventi meteorologici.

Nel 1687, come ricorderete, Newton pubblicò il suo trattato *Philosophiae Naturalis Principia Mathematica*. Curiosamente, a contribuire alla pubblicazione di quel testo fondamentale compare un nome importantissimo per chi si occupa di comete. Fu infatti Edmond Halley (1656-1742), amico e profondo estimatore dell'opera di Newton, a convincere quest'ultimo a tirare fuori dal cassetto i suoi fogli e divulgare al mondo le sue grandi scoperte.

Halley aveva capito la profonda importanza che quegli appunti, raccolti negli anni, avrebbero assunto una volta resi pubblici, e non sbagliava. La storia racconta che Halley, nel 1705, calcolò, proprio impiegando le leggi del moto e della gravitazione universale formulate da Newton, che la cometa osservata da lui e da Newton nel 1682 era la stessa vista negli anni 1531 e 1607 e predisse che sarebbe tornata nel 1758. Halley morì senza poter assistere al trionfo della meccanica e dei suoi calcoli. Ma la cometa, puntualmente tornata a splendere nei cieli nel 1758 (e riscoperta da un astrofilo tedesco, nonostante fosse oggetto di ricerca sfrenata da parte degli astronomi di tutta Europa), da quel momento porta il suo nome: è la cometa di Halley o, meglio, la **cometa Halley**. La sua apparizione nel periodo previsto dall'astronomo inglese fu la migliore conferma del fatto che le comete, nonostante le loro caratteristiche così peculiari, erano soggette all'attrazione del Sole esattamente come i pianeti, e che, come questi, seguivano orbite ellittiche chiuse, anche se più allungate, che dopo un certo periodo di tempo le riportavano alla vista degli osservatori terrestri.

In un sol colpo era risolta la disputa sulla natura delle comete e affermata la completa affidabilità delle leggi di Newton nel prevedere il moto dei corpi celesti. Un nuovo capitolo dell'astronomia si apriva: la meccanica celeste. Con i metodi forniti da questa disciplina, che si occupa, come dice il nome, di descrivere il moto dei corpi celesti sotto l'azione della reciproca forza d'attrazione dovuta alla gravità, è stato possibile calcolare il periodo di rivoluzione della cometa Halley attorno al Sole (circa 76 anni) e verificare che essa ritorna puntualmente per mantenere vivo in noi il ricordo di quella grande avventura dell'intelletto umano. L'ultimo passaggio è stato quello, per la verità non molto spettacolare, nel 1986. Il prossimo è previsto per il 2061. E anche se alcuni di noi non potranno assistere a quel ritorno, possiamo stare certi che essa tornerà a splendere ancora una volta nei nostri cieli.

La tradizione di rappresentare la stella dei re Magi con forma di cometa si deve a Giotto (1267-1337), che sullo sfondo della celebre *Adorazione dei Magi*, affrescata nella Cappella degli Scrovegni a Padova, rappresentò la cometa Halley, da lui osservata nel suo passaggio del 1301. Fu proprio in onore del grande pittore toscano che la missione spaziale dell'Agenzia Spaziale Europea (ESA) volta allo studio della cometa Halley nel suo passaggio al perielio del 1986 venne chiamata *Giotto*.

MESSAGGERI DEL CIELO

Le comete, a differenza della maggior parte degli asteroidi, hanno generalmente orbite ellittiche fortemente allungate, trascorrendo così gran parte del loro periodo di rivoluzione nelle zone esterne del Sistema Solare e avvicinandosi solo per brevi periodi al Sole. Sembra essere questa, assieme alla loro composizione, la principale distinzione fra gli asteroidi e le comete, la cui classificazione come corpi nettamente distinti è soggetto di dispute ed è attualmente controversa, come appunto dimostra l'esistenza di Chirone.

Le comete sono corpi di dimensioni non elevate, fragili, di forma irregolare, composti da materiale non volatile (rocce e grani di polvere) e da gas allo stato solido (congelati). Considerato il loro elevato contenuto di acqua e la presenza di materiali organici, molti astronomi ritengono che le comete possano non solo aver contribuito al riempimento degli oceani terrestri, ma anche avervi portato la vita, o comunque averla arricchita di elementi e molecole utili perché potesse svilupparsi.

Dal punto di vista morfologico, i nuclei cometari hanno forme variamente irregolari, con l'asse maggiore di dimensione tipicamente doppia rispetto a quello minore. Le dimensioni molto piccole di questi corpi e la loro scarsa capacità di riflettere la luce del Sole li rendono praticamente invisibili quando si trovano a grande distanza dalla nostra stella. Come può dunque una cometa diventare quell'oggetto spettacolare che tutti conoscono, fino a diventare talvolta visibile anche a occhio nudo? La spiegazione risiede nell'interazione fra il materiale che costituisce il nucleo cometario e la radiazione solare, che si fa più intensa via via che la cometa si avvicina al suo appuntamento con il Sole. La cometa infatti diventa visibile soltanto al momento in cui si trova sufficientemente vicina alla stella, in modo che la radiazione proveniente da essa inizi a far sublimare i gas volatili del nucleo, i quali a loro volta si trascinano dietro piccole porzioni di materiale solido del nucleo stesso. Ricordiamo che la sublimazione è la transizione di fase da solido a vapore: naftalina e ghiaccio secco – anidride carbonica solida – sono tipici esempi di materiale sublimante. I materiali sottratti al nucleo si espandono in un'atmosfera cometaria che può assumere dimensioni di alcune centinaia di migliaia di chilometri: la chioma. È proprio la chioma a dare il nome a questo particolarissimo genere di oggetti: cometa significa infatti, dal greco, "astro chiomato".

Spesso nelle comete si osservano più code, di forma e disposizione varia. In generale, si possono classificare in due categorie principali: le code di gas ionizzato e le code di polvere. Le prime, dritte e regolari, sempre in direzione opposta a quella del Sole, le seconde, incurvate e di aspetto irregolare (talvolta si frammentano o presentano delle condensazioni). Le code rappresentano sicuramente l'aspetto più spettacolare del passaggio di una cometa, anche perché possono raggiungere lunghezze di centinaia di milioni di chilometri coprendo così, viste da Terra, diverse decine di gradi di cielo, come abbiamo osservato, per esempio, nei passaggi al perielio della **cometa Hale-Bopp**, nel 1997, o della **cometa Neowise**, nel 2020.

Le comete, dunque, si consumano. A ogni passaggio ravvicinato con il Sole perdono parte del materiale che le costituisce, il quale, formando la chioma e la coda, viene perso irrimediabilmente nello spazio interplanetario. Ma questo materiale può ancora dare bella mostra di sé. Sono infatti le particelle e i grani di polvere abbandonati dalle diverse comete passate vicino al nostro pianeta che, penetrando nella nostra atmosfera, si manifestano in un altro evento spettacolare: la pioggia di stelle cadenti, o meglio di meteore, di cui ben nota è quella della notte di San Lorenzo, attorno al 10 agosto di ogni anno, quando la Terra, percorrendo la propria orbita, interseca quella delle **Perseidi** (così si chiama lo sciame di meteore originato dalla **cometa Swift-Tuttle**). Alla cometa Halley si deve invece la pioggia delle Orionidi, ogni anno in ottobre.

Una volta passata in prossimità del Sole, la cometa se ne allontana nuovamente, talvolta per sempre, diminuendo rapidamente di luminosità. La coda scompare, la chioma si riduce fino a sparire. Il Sole è così lontano che la sua radiazione non è più in grado di far sublimare il ghiaccio superficiale del nucleo. La cometa è tornata nell'oscurità da cui era giunta: il nucleo adesso è un pezzo di ghiaccio scuro che punta verso la periferia del Sistema Solare.

PALLE DI NEVE SPORCA

Il modello di nucleo cometario, col tempo confermato dalle osservazioni, venne proposto per la prima volta dall'astrofisico statunitense Fred Lawrence Whipple (1906-2004) nel 1950.

Con un'espressione inventata dallo stesso Whipple, il nucleo di una cometa è descritto coloritamente, anche dagli esperti, come una "palla di neve sporca", costituita da un aggregato di materiale composito in cui la coesione è molto debole. Le comete sono infatti molto fragili e non è raro osservare casi in cui esse perdono pezzi voluminosi di nucleo o addirittura in cui si spezzano in più frammenti come è capitato, per esempio, alla Shoemaker-Levy 9, i cui frammenti – se ne contarono ventuno, di varie dimensioni – andarono addirittura a impattare sul pianeta Giove, nel 1994. E una cometa diventa sempre più fragile a ogni passaggio ravvicinato col Sole, visto che sono proprio i materiali volatili a dare coesione al nucleo, il quale diventa nel tempo maggiormente poroso e quindi più facilmente soggetto a frammentazioni.

Ma, considerate le loro orbite allungate e la loro composizione, da dove vengono le comete? In effetti, una volta stabilito che le orbite delle comete si svolgono attorno al Sole, è definitivamente chiara l'appartenenza degli astri chiomati al nostro sistema planetario. L'origine delle comete è perciò legata a quella del Sole e dei pianeti dalla nebulosa primordiale, ed è ragionata convinzione che il materiale che compone le comete sia proprio parte di quel materiale residuo da cui ebbero origine i corpi maggiori del sistema.

Fu ancora nel 1950, anno fondamentale per lo studio delle comete, che l'astronomo olandese Jan Hendrik Oort (1900-1992) propose, dopo avere svolto accurati calcoli orbitali, l'esistenza di un'enorme "nube" sferica contenente forse oltre mille miliardi di nuclei cometari orbitanti, su traiettorie quasi circolari, ben al di là dell'orbita di Plutone, a una distanza compresa fra 30.000 unità astronomiche e un anno luce dal Sole, ma forse anche oltre. Questa nube, adesso chiamata **Nube di Oort**, è probabilmente la sorgente di tutte le comete a lungo periodo, come pure di quelle che sembrano avere orbite non chiuse. Di tanto in tanto, sotto l'azione perturbativa di una qualche stella (si pensa che la Nube di Oort possa estendersi fino quasi a metà della distanza che separa il Sole dalla stella più vicina, **Proxima Centauri**, situata a 4,2 anni luce di distanza) o a causa di probabili urti fra i vari oggetti che popolano quella regione periferica del sistema planetario, si stacca dalla nube un frammento che può dirigersi verso l'esterno e sparire così definitivamente nelle tenebre interstellari oppure cominciare il suo lungo viaggio che lo porterà, nel corso dei millenni, ad arrivare sino alle parti interne del Sistema Solare e manifestarsi come cometa. E proprio percorrendo il Sistema Solare può subire quelle perturbazioni che possono modificarne l'orbita e trasformarlo così in una cometa periodica oppure rispedirlo per sempre là da dove era venuto.

Gli astronomi credono che i frammenti di materia ghiacciata costituenti la Nube di Oort siano proprio il materiale residuo avanzato dalla formazione del Sole, dei pianeti e dei satelliti. Un po' come dire, in termini poco scientifici ma sicuramente efficaci, che la Nube di Oort è la pattumiera del Sistema Solare. Ma questa considerazione, anziché togliere importanza alla scoperta, ne attribuisce moltissima, proprio in virtù del fatto che le comete, analizzate da questo punto di vista, sono testimoni remoti della nascita del nostro sistema planetario. Per questo motivo, alcune comete, come pure diversi asteroidi, sono state oggetto di missioni spaziali, anche molto complesse, come la missione dell'Agenzia Spaziale Europea (ESA) denominata *Rosetta*, così chiamata perché, come la celebre stele ci permise di decodificare la scrittura geroglifica, così la sonda spaziale doveva avere il ruolo di interpretare il messaggio sulle origini del nostro sistema planetario portato appunto dalle comete. Una missione durata quasi 20 anni – lanciata nel 1996 e terminata nel 2016 – durante la quale la sonda *Rosetta* ha studiato da vicino la **cometa Churyumov-Gerasimenko**, facendo posare sulla sua superficie anche una piccola sonda robotica, il lander *Philae*, nel 2014.

Per quanto la gravità sia molto debole e il terreno fragile, atterrare su una cometa è possibile, anche se le immagini ravvicinate raccolte dalle varie missioni hanno mostrato terreni estremamente accidentati. Per non parlare del fatto che quando il nucleo cometario si attiva, ovvero sviluppa la chioma e poi la coda, allora diventa un po' complicato destreggiarsi fra i vari getti di gas e polveri emessi nello spazio.

Un'altra possibile soluzione di visita di una cometa – ma questa non è proposta da nessuna agenzia di viaggi interplanetari, né mai lo sarà – è quella di agganciare una cometa durante un suo passaggio ravvicinato e farsi trascinare lungo la sua orbita, per esplorare in lungo e in largo il Sistema Solare e magari anche oltre: se infatti prendiamo al guinzaglio la cometa giusta, questa può portarci anche definitivamente fuori dal nostro sistema planetario. Forse è proprio a questo tipo di esperienza che si ispirano i versi di Franco Battiato: "seguimmo per istinto le scie delle comete, come avanguardie di un altro sistema solare"! Ma... "No time, no space": il tempo e lo spazio a disposizione per parlare di quello che, dal punto di vista astronomico, possiamo considerare il nostro "cortile di casa" sono terminati. È finalmente giunto il momento di proiettarsi "verso l'infinito... e oltre!", come recita il motto di Buzz Lightyear, protagonista dei film della serie *Toy Story*!

CAPITOLO 10

DAL SOLE ALLE ALTRE STELLE

SOLE

STELLA

età: 4,567 miliardi di anni
diventa gigante rossa: circa 5,5 miliardi di anni da ora
massa (Terra = 1): 333.000
diametro: 1.391.000 km
rotazione: 25,1 giorni (equatore), 34,4 giorni (poli)
temperatura del nucleo: 16.000.000 Kelvin (16.000.000 °C)
temperatura superficiale: 5800 Kelvin (5500 °C)
composizione: idrogeno 74,9 per cento, elio 23,8 per cento
energia: trasforma 400 milioni di tonnellate di idrogeno in elio al secondo
gravità superficiale (Terra = 1): 28

Il viaggio attraverso il Sistema Solare ci ha portati oltre Plutone, a una distanza di diversi miliardi di chilometri dal nostro pianeta, di cui ora, forse, potremmo anche sentire la mancanza.

Ma noi, spinti da infinita curiosità, decidiamo di proseguire il nostro percorso alla scoperta di nuovi mondi, proprio come l'equipaggio dell'astronave *Enterprise* della serie *Star Trek*. D'altra parte, chi non ricorda la frase che introduceva ogni episodio? "Spazio, ultima frontiera. Eccovi i viaggi dell'astronave *Enterprise* durante la sua missione quinquennale, diretta all'esplorazione di nuovi mondi, alla ricerca di altre forme di vita e di civiltà, fino ad arrivare là dove nessun uomo è mai giunto prima".

Però, prima di lasciarci il nostro Sistema Solare definitivamente alle spalle, decidiamo di dare un ultimo sguardo alla Terra, per vedere come appare da questa distanza, raggiunta solo da pochi artefatti umani: le due sonde *Pioneer*, le due sonde *Voyager* e, naturalmente, la sonda *New Horizons*, tutte ormai proiettate verso le estreme periferie del Sistema Solare e anche oltre.

PALE BLUE DOT

Fotografata dallo spazio, la Terra appare come un "punto azzurro chiaro", "pale blue dot", in inglese, come venne definita dall'astrofisico e divulgatore statunitense Carl Sagan, celebre fra il grande pubblico per aver scritto il romanzo di fantascienza *Contact*, da cui poi venne tratto un film di successo, con Jodie Foster come protagonista.

Fu proprio Sagan a proporre alla NASA di puntare la macchina fotografica montata a bordo della sonda *Voyager 1* verso l'interno del Sistema Solare, una volta che la sonda avesse terminato la propria missione primaria e si fosse trovata a grande distanza da noi. In effetti, quando il nostro pianeta venne ritratto, nei primi mesi del 1990, la sonda si trovava a più di 6 miliardi di chilometri di distanza, molto oltre l'orbita di Nettuno, quindi. L'immagine, storica, mostra un puntino piccolissimo immerso nelle profondità dello spazio interstellare, dove, però, si trova tutta l'umanità, passata e presente. Fu questa considerazione a spingere Carl Sagan a scrivere nel libro intitolato proprio *Pale blue dot: a vision of the human future in space* (1994) la seguente riflessione: "La Terra è l'unico mondo conosciuto che possa ospitare la vita. Non c'è altro posto, per lo meno nel futuro prossimo, dove la nostra specie possa migrare. Visitare, sì. Colonizzare, non ancora. Che ci piaccia o meno, per il momento la Terra è dove ci giochiamo le nostre carte. È stato detto che l'astronomia è un'esperienza di umiltà e che forma il carattere. Non c'è forse migliore dimostrazione della follia delle vanità umane che questa distante immagine del nostro minuscolo mondo. Per me, sottolinea la nostra responsabilità di occuparci più gentilmente l'uno dell'altro, e di preservare e proteggere il pallido punto blu, l'unica casa che abbiamo mai conosciuto".

La Terra, in fondo, è un'astronave che viaggia nello spazio, attorno a una stella chiamata Sole. Ma è un'astronave molto speciale, perché è quella dove nasciamo e trascorriamo tutta la nostra vita. Per questo dobbiamo averne cura, come pure dobbiamo avere cura dei nostri compagni di viaggio, l'umanità intera.

VERSO ALTRE STELLE

Il Sole, ormai distante, rimane ancora l'oggetto più brillante del cielo. Ma non è più in grado di riscaldare né riscaldarci. Da questo momento in poi, la nostra crociera proseguirà immersa nel buio dello spazio profondo, con il cielo intorno a noi punteggiato da miriadi di puntini luminosi, a cui il Sole, via via che ce ne allontaniamo, inizia sempre più ad assomigliare. Ma è proprio dallo studio della nostra stella che in gran parte sappiamo come funzionano le altre. Quindi, prima di puntare la nostra rotta verso nuovi sistemi planetari, può essere innanzi tutto utile ripassare quello che sappiamo del Sole e poi di queste "palle di gas incandescente, enormi ma lontanissime" (per usare la frase del facocero Pumba, nel film *Il Re Leone*, in risposta al suricato Timon, che invece sostiene che le stelle siano "piccoli brillantini luminosi appiccicati al cielo").

D'altra parte il viaggio è lungo e di tempo per leggere ne abbiamo in grande quantità. Lo spazio è sostanzialmente vuoto. Sole a parte, la stella a noi più vicina, **Proxima Centauri** (Proxima è un termine latino che sta proprio per "la più vicina", e Centauri è il genitivo del nome latino della costellazione del Centauro, Centaurus, a indicare che la stella si trova in quella costellazione), dista quasi 40mila miliardi di chilometri! E, lo ripetiamo, è la più vicina. Ora, considerate le distanze che dovremo affrontare e di cui dovremo trattare, vi rendete bene conto che i chilometri non bastano più, e anche l'unità astronomica, che abbiamo usato per misurare le distanze all'interno del Sistema Solare, comincia a essere un'unità di misura un po' troppo piccola. Ecco perché gli astronomi, che hanno spesso a che fare con fenomeni estremi, e quindi con valori di grandezze fisiche molto lontani dal nostro vivere quotidiano, si sono inventati una nuova unità di misura delle distanze, l'anno luce ("light year": e ora sapete perché Buzz Lightyear porta questo cognome, mentre il nome è dedicato a Buzz Aldrin, il secondo uomo a mettere piede sulla Luna, nell'ambito della missione *Apollo 11*).

Ora, per definizione, l'anno luce è la distanza percorsa dalla luce in un anno. Attenzione, è una misura di distanza, non un'unità di tempo, non lasciatevi trarre in inganno dal nome! Sapendo che la luce – che è quanto di più veloce si possa trovare nell'Universo – viaggia a circa 300.000 chilometri al secondo e che in un anno ci sono oltre 31,5 milioni di secondo, il conto è presto fatto: un anno luce è lungo 9450 miliardi di chilometri, che gli astronomi, chilometro più, chilometro meno, approssimano facilmente a 10.000 miliardi di chilometri. Sì, avete capito bene, in un anno, la luce fa tutta questa strada. Pazzesco, eh! Potessimo anche noi muoverci così velocemente, chissà quanti posti potremmo visitare. Pensate: potremmo arrivare sulla Luna in poco più di un secondo, mentre per arrivare al Sole impiegheremmo circa 8 minuti. Ma non conviene arrivare troppo vicini alla nostra stella, perché, come nel mito di Icaro, potremmo bruciarci.

LA SFERA DI LUCE

Molti pensano che gli astronomi siano creature della notte, persone che dormono di giorno e si svegliano al tramonto per osservare le stelle fino all'alba. Ma, in realtà, uno degli oggetti più belli e interessanti da osservare e studiare è visibile solo di giorno: è il nostro **Sole**, la stella attorno alla quale il pianeta Terra orbita a una distanza media di circa 150 milioni di chilometri e dalla quale riceve quotidianamente – e da qualche miliardo di anni – luce e calore a sufficienza per far nascere la vita e mantenerla.

D'altra parte, il Sole è la stella a noi più vicina e studiarla a fondo permette da un lato di capire meglio qual è stata la sua evoluzione e l'evoluzione del sistema planetario a cui appartiene anche il nostro pianeta, ma significa anche e soprattutto comprendere i meccanismi di funzionamento e le leggi che regolano la vita e l'evoluzione delle stelle, le cui caratteristiche sono purtroppo molto più complesse da determinare a causa della distanza.

Anche visto a occhio nudo, il Sole emette una luce abbagliante, alla quale non si può resistere. Questo accade osservandolo dalla Terra, figuriamoci se decidiamo di imbarcarci su una crociera di sorvolo della stella. È ovvio che sul Sole non si può atterrare, non solo perché non ha una crosta solida su cui posarsi, ma soprattutto perché, con una temperatura superficiale di quasi 6000 °C, brucia, eccome se brucia! Oltre a questo, emette anche un grande quantità di radiazione molto energetica, come raggi ultravioletti e raggi X che, insomma, rendono poco raccomandabile anche avvicinarsi troppo. Quindi, prima di affrontare il viaggio, accertatevi di avere in valigia le creme protettive opportune, che, a seconda della rotta della crociera, devono avere fattori di protezione anche maggiori di quelle da usare su Mercurio. In effetti, da quando esiste il turismo solare, alcune aziende di cosmetici hanno iniziato a produrre creme con fattore di protezione 1 milione, ma non siamo sicurissimi che sia sufficiente... perché qualcuno torna comunque con ustioni gravi. Forse la responsabilità è di certi comandanti di astronave, che si avvicinano troppo al Sole per quella deprecabile pratica dell'"inchino" alla stella!

Quello che vediamo osservando il Sole con un filtro o proiettandone l'immagine su uno schermo è lo strato superficiale denominato **fotosfera** (dal greco, sfera di luce), che è la parte di atmosfera della nostra stella che produce appunto la luce solare, da cui il nome. Disseminate sulla fotosfera, a seconda del periodo in cui si intraprende il viaggio, non è difficile notare delle macchie scure più o meno grandi, dette **macchie solari**. Se osservate con attenzione, anche dalla Terra, si nota che le macchie solari hanno un'evidente struttura: una zona centrale più scura, chiamata **ombra** della macchia, circondata da una zona leggermente più luminosa, detta **penombra**. Attenzione, però: le macchie solari sono solo apparentemente scure. Esse appaiono tali solo per contrasto con la superficie della fotosfera, molto più calda e luminosa. Ma una macchia solare ha comunque una temperatura di alcune migliaia di gradi Celsius, è quindi molto più calda della superficie di tante stelle!

In genere, le macchie solari sono associate in gruppi che possono essere anche molto estesi. È stato proprio grazie allo studio del movimento delle macchie solari che si scoprì da un lato che queste migrano sulla fotosfera, ovvero cambiano di posizione nel corso del tempo, dall'altro che il Sole ruota su se stesso in maniera differenziale, ovvero che all'equatore ruota più velocemente che ai poli. Per completare una rotazione su se stessa, infatti, la nostra stella impiega circa 24,5 giorni all'equatore contro 38 giorni ai poli.

In effetti, anche se le macchie solari sono state osservate fin dall'antichità (alcune sono talmente grandi che si possono vedere a occhio nudo, all'alba o al tramonto, quando la luce del Sole è meno intensa), solo quando si cominciò a usare il telescopio fu possibile scoprirne il moto di rotazione e misurare il periodo di rotazione del Sole attorno al proprio asse. Il primo a osservarle al telescopio fu sicuramente Galileo Galilei, verso le fine del 1610, ma non pubblicò subito i suoi risultati, così che il primo disegno che documenta la presenza di queste zone scure sulla superficie solare è dell'inglese Thomas Harriot (1560-1621), che osservò il Sole all'alba dell'8 dicembre 1610, usando la fitta coltre di nebbia londinese e alternando l'osservazione con i due occhi per evitare di restare accecato. Importante: è un metodo assolutamente da sconsigliare perché la luce solare concentrata da una lente sulla retina danneggia in maniera irreversibile le cellule fotosensibili dell'occhio!. Il primo a pubblicare le proprie ricerche e a documentarne la rotazione fu invece l'astronomo tedesco Johannes Fabricius (1587-1616, il cui vero nome era Johann Goldsmid, ma all'epoca piaceva latinizzare i nomi), nel 1611, dopo aver osservato sistematicamente le macchie per alcuni mesi e averne registrato il movimento sul disco solare. Questa può essere considerata la prima prova osservativa della rotazione solare. Ma dovettero passare ancora alcuni anni per avere la prima misura del periodo di rotazione del Sole: fu infatti solo nel 1630 che un altro astronomo tedesco, il padre gesuita Christoph Scheiner (1573 o 1575-1650), pubblicò i risultati dei suoi studi, che lo avevano portato non solo a misurare la velocità di rotazione equatoriale del Sole, ma anche a osservare che la rotazione alle latitudini più alte è più lenta. In pratica, Scheiner aveva scoperto la **rotazione differenziale solare**.

Delle macchie solari sappiamo anche che hanno un ciclo evolutivo di 11 anni, corrispondente alla variabilità temporale dell'attività magnetica del Sole. Il numero (oltre che la forma) delle macchie presenti sulla fotosfera non è costante e varia di giorno in giorno, proprio perché la loro formazione ed evoluzione sulla fotosfera sono legate al campo magnetico della nostra stella.

UN GAS IN EBOLLIZIONE

Osservando attentamente il disco solare, non è difficile accorgersi che al bordo è leggermente meno luminoso che al centro. Questo fenomeno, noto come **oscuramento al bordo**, è dovuto al fatto che, guardando verso il centro del disco, guardiamo attraverso uno strato sottile di atmosfera verso gli strati profondi più caldi e naturalmente più luminosi, mentre osservando al bordo guardiamo soltanto una spessa coltre di strati superficiali, meno caldi e brillanti di quelli profondi. Ma un osservatore con l'occhio acuto può scoprire anche che la fotosfera è composta da tanti piccoli "grani" luminosi separati da intercapedini più scure.

Questa caratteristica della fotosfera solare viene chiamata **granulazione**, ed è stata studiata sia dai telescopi solari a Terra che da molti osservatori solari spaziali. Ciascun granulo è in effetti una cella calda di convezione che sale dalle profondità del Sole mentre le zone più scure sono le parti raffreddate che scendono nuovamente in profondità a causa della loro aumentata densità. In pratica, la fotosfera solare si comporta proprio come un fluido in ebollizione, dove celle calde salgono in superficie raffreddandosi e celle fredde scendono riscaldandosi nuovamente a causa dell'attraversamento di strati più caldi. Il fenomeno che dà origine alla cosiddetta granulazione fotosferica è quindi la convezione, che è uno dei tre modi per condurre calore (gli altri due sono la conduzione e l'irraggiamento). Se ci state pensando, ebbene sì, avete indovinato, è proprio quello che succede all'acqua che state scaldando per il vostro tè pomeridiano!

GLI OCCHIALI DA SOLE NON BASTANO!

Sapete già per esperienza diretta che gli occhiali da sole, per quanto possano essere scure le lenti, non sono sufficienti a proteggere i nostri occhi dall'abbagliamento dato dalla luce solare. Figuriamoci quindi che cosa può accadere osservando il Sole ancora più da vicino. È ovvio che ogni astronave da crociera solare, oltre a essere in grado di proteggere i passeggeri non solo dalla radiazione, ma anche dal vento solare, deve essere dotata di particolari finestrini oscurati, in grado di filtrare la luce della fotosfera.

Ma ci sono momenti in cui è possibile guardare direttamente verso il Sole e non rimanere accecati dalla sua luce: sono le **eclissi totali di Sole**, che, viste dalla Terra sono particolarmente spettacolari (sicuramente più che da qualunque altra parte dell'Universo, lo garantiamo). Le eclissi totali di Sole si verificano infatti quando la Luna si pone fra noi e la nostra stella occultandone completamente il disco. In queste particolarissime condizioni la fotosfera viene totalmente oscurata e la sua luce non può più abbagliare: una notte irreale si manifesta ai nostri occhi con un **sole nero** a spiccare nel cielo. In quei pochi minuti di oscurità con il Sole sopra l'orizzonte è possibile vedere altri due strati dell'atmosfera solare che in condizioni normali sono assolutamente invisibili a causa dell'eccessiva luminosità della fotosfera: la **cromosfera** e, soprattutto, la **corona**. Mentre la prima si manifesta soprattutto attraverso le splendide **protuberanze** visibili ai bordi del disco oscurato, enormi masse gassose eiettate dalla superficie solare e proiettate verso lo spazio esterno, la corona è un tenuissimo velo luminoso che si staglia sul cielo scuro dell'eclisse a illuminarlo lievemente e a produrre ancora maggiore contrasto fra il disco nero creato dalla Luna perfettamente sovrapposta al Sole e il cielo stesso. È proprio questa la circostanza che rende le eclissi di Sole uno spettacolo unico: viste dalla Terra, infatti, Luna e Sole hanno praticamente la stessa dimensione angolare, circa mezzo grado, così che il disco della Luna può sovrapporsi quasi esattamente su quello del Sole.

Per la verità, i fisici solari si sono inventati anche altri modi per studiare la cromosfera e la corona, anche quando non ci sono le eclissi di Sole. Ma queste rappresentano ancora oggi un'occasione unica non solo per godere di un incredibile spettacolo naturale, ma anche per compiere importanti osservazioni scientifiche.

MA PER QUANTO TEMPO DURERÀ?

Le stelle non durano in eterno. Anche esse nascono, vivono e muoiono. Alcune, come il Sole, vivono miliardi di anni, e arrivano serenamente alla vecchiaia e infine alla morte, spegnendosi lentamente. Altre, invece, hanno vite molto più brevi e tormentate – anche se, sulla scala di una vita umana, sono comunque molto lunghe – ma soprattutto sono condannate a morire di morte violenta (ma con nessun spargimento di sangue, non preoccupatevi). Un'immane esplosione, brevissima rispetto alla vita della stella, pone infatti termine alla loro esistenza: la stella si è trasformata in supernova. La luce di una **supernova** illumina il cosmo: lo scoppio è infatti visibile da miliardi di anni luce di distanza. Così, nel firmamento, spunta una stella dove prima apparentemente non c'era niente. Ecco il perché del nome: "nova" in latino significa infatti nuova. Per gli antichi era nata una nuova stella. In realtà la stella sta morendo, ma il nome è comunque rimasto. Per inciso, il suffisso "super" venne aggiunto da due astronomi, il tedesco Walter Baade (1893-1960) e lo svizzero Fritz Zwicky (1898-1974), nel 1933, associando a questi eventi catastrofici le stelle di neutroni, di cui ipotizzarono l'esistenza, e i raggi cosmici, un flusso costante di particelle proveniente dallo spazio, e teorizzando che fossero prodotti proprio nell'esplosione delle supernove.

Il Sole vivrà ancora a lungo e avrà una morte "dolce" e non esplosiva, diventando una **nana bianca**. Ma per scoprire come muore una stella, occorre prima di tutto capire che cosa accade all'interno delle stelle. Andiamo dunque a vedere quali sono le fonti dell'energia stellare, sulle quali si è dibattuto a lungo, per arrivare alla soluzione meno di un secolo fa. Già 450 anni prima della nostra era, infatti, il filosofo greco Anassagora (496-428 a.C.) aveva tentato di fornire una soluzione al problema dell'origine e delle cause dell'energia emessa dalle stelle e dal Sole in particolare (non conoscendo la fisica nucleare, pensava a una causa come l'attrito che si doveva generare tra le masse stellari in movimento e l'etere), ma soltanto nel 1853, grazie al fisico tedesco Hermann von Helmholtz (1821-1894), venne tentato un primo approccio scientificamente valido per risolvere la questione.

Helmoltz stabilì innanzitutto come il Sole si fosse formato per contrazione di una nebulosa primitiva sotto l'azione della gravità. La perdita di energia potenziale gravitazionale dovuta all'auto-collasso e la relativa conversione in calore avrebbe garantito la continuità della radiazione solare al tasso attuale per una cinquantina di milioni di anni. L'idea non era male, in effetti, ma purtroppo per lui, la geologia prima e gli studi sulle datazioni radiometriche poi stabilirono che il Sistema Solare era significativamente più vecchio – ha circa quattro 4 miliardi e mezzo di anni – rendendo questo meccanismo inadeguato.

ENERGIA NUCLEARE? SÌ, GRAZIE!

Quali sono dunque le cause della radiazione solare e stellare in genere? La risposta poté essere data soltanto dopo la scoperta delle reazioni termonucleari, principali artefici della produzione di calore da parte delle stelle, oltre ovviamente la già ammessa contrazione, che fornisce il calore di innesco alle suddette reazioni.

Nel 1939, i fisici tedeschi Carl Friedrich von Weizsäcker (1912-2007) e Hans Bethe (1906-2005) riuscirono a isolare infine le due reazioni responsabili della produzione di energia nella maggior parte delle stelle, la catena protone-protone (indicata anche con l'espressione "catena p-p", dove "p" è appunto il simbolo del protone) e il ciclo del carbonio. Entrambi questi processi trasformano quattro protoni (nuclei di idrogeno) in un nucleo di elio, composto da due protoni e due neutroni, ma con meccanismi diversi.

In ogni caso, questi processi producono energia principalmente sotto la forma di fotoni gamma (il tipo di "luce" più energetico esistente) e di neutrini (particelle neutre e con massa piccolissima), mentre i due protoni del primo ciclo e il carbonio del secondo, risultanti dalla serie di reazioni, vengono utilizzati per l'innesco di successivi cicli.

I due cicli sopra descritti non sono gli unici, per la verità, anche se i più importanti, soprattutto nel caso di temperature simili a quelle che si trovano nel nucleo del Sole, attorno a 15 milioni di gradi Celsius. Questo è proprio quello che gli astrofisici intendono quando parlano di "fornace nucleare": qualcosa che è sostanzialmente impossibile riprodurre in laboratorio! Durante le varie fasi dell'evoluzione stellare si verificano molti altri tipi di reazioni nucleari. Per esempio, a temperature prossime a 20 milioni di gradi ha luogo la reazione tripla alfa, così chiamata perché i nuclei di elio sono anche indicati con la lettera greca alfa. A temperature superiori possono essere sintetizzati elementi pesanti quali l'ossigeno, il neon, il magnesio, il silicio, fino al ferro. Non oltre, però. Le reazioni di fusione oltre il ferro sono infatti endotermiche: in pratica, invece di produrre energia, ne assorbono, perché per fondere due nuclei più pesanti del ferro occorre fornire energia. Dopo il ferro, quindi, la fusione degli elementi non è più utile alla produzione di calore.

QUANTI TIPI DI STELLE...

Dopo avere esaminato le fonti di energia delle stelle, possiamo analizzarne l'evoluzione, cioè il modo in cui queste mutano con il tempo. La maggior parte del tempo le stelle lo trascorrono nella fase in cui appunto fondono idrogeno in elio. Questa fase viene anche detta di **sequenza principale**, nome che viene dato alla zona più popolata di un grafico che mette in relazione la luminosità intrinseca di una stella con la sua temperatura superficiale o con il colore, considerato che colore e temperatura sono in relazione fra loro: in particolare, le stelle rosse sono più fredde, mentre quelle blu sono più calde, contrariamente a quanto ci si aspetterebbe pensando alla definizione che viene data ai colori caldi e freddi!

Gli astrofisici chiamano questo grafico – che è un importante strumento di studio delle stelle – diagramma H-R, dalle iniziali dei due ideatori, gli astronomi Ejnar Hertzsprung (1873-1967), danese, e Henry Norris Russell, statunitense (1877-1957). Il resto della vita di una stella è relativamente breve rispetto al tempo che passa nella fase di sequenza principale: mediamente, una stella trascorre infatti circa l'ottanta per cento della propria vita proprio in questa fase. Il tempo che una stella passa sulla sequenza principale dipende chiaramente dalla quantità di combustibile nucleare di cui dispone e dal ritmo con cui lo consuma; cioè, in ultima analisi, dalla massa e dalla luminosità: naturalmente le stelle di grande massa hanno una vita più breve proprio perché consumano il loro combustibile più velocemente.

Ma andiamo quindi a studiare come nasce, vive e muore una stella, esaminando i vari passaggi evolutivi. Gli astrofisici ritengono che le **protostelle**, ovvero gli embrioni di quelle che diventeranno stelle, si formino attraverso l'iniziale condensazione del **mezzo interstellare**, nelle regioni – le nebulose composte da gas e polveri, come la celebre **Nebulosa di Orione**, nell'omonima costellazione – dove questo è più denso. La contrazione del gas, dovuta al collasso gravitazionale, contribuisce in questa fase a far aumentare la temperatura al centro della stella dai valori di poche decine di gradi, tipici del mezzo interstellare, fino ai valori necessari all'innesco delle reazioni termonucleari.

Una protostella solitamente emette la maggior parte della propria radiazione nelle lunghezze d'onda infrarosse, millimetriche e radio, proprio a causa della sua bassa energia. È anche da notare che le protostelle non sono mai isolate, ma fanno sempre parte di un gruppo o di un ammasso: questo perché la nebulosità da cui hanno origine contiene materiale a sufficienza per formarne diverse. Per questo, una nebulosa come quella di Orione è considerata una vera e propria incubatrice di stelle.

Trascorsa questa fase, la stella passa nella sequenza principale, dove attiva la fusione dell'idrogeno in elio e vive seguendo la scala temporale nucleare. La stella raggiunge qui le condizioni di massima stabilità, in equilibrio fra la forza di gravità, che tira verso l'interno della stella, e la pressione del gas caldo (e della radiazione) che invece spinge verso l'esterno. Una stella con la massa del Sole può trascorrere nella fase di sequenza principale 10 miliardi di anni (in pratica, il Sole è "nel mezzo del cammin di sua vita", parafrasando Dante!), mentre stelle con masse inferiori, come le **nane rosse**, possono restare in questa fase per centinaia e anche migliaia di miliardi di anni, un tempo infinitamente maggiore dell'età attuale del nostro Universo, che è di circa 13,8 miliardi di anni. Dalla parte opposta, una **stella blu di sequenza principale**, molto massiccia e quindi molto brillante, ha una vita molto più breve – anche se molto più intensa, verrebbe da dire – al massimo di alcune centinaia di milioni di anni.

Quando il combustibile inizia però a scarseggiare, la produzione di energia ovviamente diminuisce, inducendo un'ulteriore contrazione del nucleo accompagnata da un'espansione del guscio esterno dovuta alla ripresa delle reazioni termonucleari. Terminato l'idrogeno nel nucleo, infatti, alla stella non rimane altro che contrarsi di nuovo riscaldandosi ulteriormente.

A questo punto accade che un guscio esterno al nucleo, ma abbastanza interno da raggiungere temperature dell'ordine di 10 milioni di gradi, riattiva la combustione dell'idrogeno e l'espansione dei gusci a lui esterni, mentre il nucleo, costituito da elio, continua a contrarsi. Questa fase di instabilità viene superata quando il nucleo, raggiungendo temperature di 100 milioni di gradi, attiva la combustione dell'elio. Le sorgenti di energia sono a questo punto due: il nucleo che brucia elio e un guscio più esterno che brucia idrogeno. Il raggio della stella aumenta drammaticamente, e con esso la luminosità, ma la superficie diventa più fredda: la stella è ora una **gigante rossa**. A tutti gli effetti, questa fase rappresenta l'inizio della vecchiaia dell'astro.

L'ulteriore evoluzione di una stella può passare attraverso altre combustioni nucleari, a seconda della sua massa, fino ad arrivare alla fase di **supergigante rossa**. Nel caso di reazioni con formazioni di elementi pesanti, la quantità di energia prodotta ha comunque valori più bassi.

La durata della vita di una stella in queste fasi evolutive è breve e comunque mai confrontabile con il tempo trascorso in sequenza principale. Varie volte, durante la sua evoluzione di post-sequenza, una stella può venire a trovarsi in quella che viene chiamata striscia di instabilità del diagramma H-R, nella quale temperatura e luminosità sono tali che i suoi strati esterni diventano instabili, rivelandosi tali sotto forma di pulsazioni (variabili pulsanti). In questo caso, ci troviamo di fronte a una **stella variabile intrinseca**. Anche il tempo trascorso nella striscia d'instabilità è relativamente breve, come pure è molto breve il tempo che una stella massiccia può passare, una volta uscita dalla sequenza principale, nelle fasi di **gigante blu** o, addirittura, di **supergigante blu**, le stelle più calde e brillanti che si osservano in cielo.

Occorre comunque tenere presente che se si è in presenza di masse stellari troppo piccole o troppo grandi (la massa e la composizione chimica sono gli unici due parametri che determinano univocamente l'evoluzione di una stella isolata), può darsi che, per opposte ragioni, tutto questo non avvenga: nel primo caso la temperatura troppo bassa non innesca la fusione dell'idrogeno e la stella diventa una **nana bruna**, mentre nel secondo caso la pressione di radiazione è così alta che lacera la stella.

CRONACA DI UNA MORTE ANNUNCIATA

Per tutte le stelle prima o poi arriva il momento di "morire". Tutto quello che accade prima, infatti, non è altro che l'anticipazione del modo in cui cesseranno la loro esistenza come stelle vere e proprie, quando non saranno più capaci di produrre energia grazie alle reazioni termonucleari di fusione dei nuclei atomici. Ecco perché abbiamo scelto di dare a questo paragrafo il titolo del celebre romanzo dello scrittore colombiano Gabriel García Márquez (1927-2014), premio Nobel per la letteratura nel 1982.

Gli astrofisici sono infatti in grado di prevedere quale sarà la fine di una stella, e come ci arriverà, se in maniera quieta o, viceversa, in maniera violenta. La maggior parte delle stelle termina la propria esistenza sotto forma di **nana bianca**, con una "morte dolce", quindi. Esse semplicemente si contraggono, terminata la combustione dei vari elementi, irraggiando nello spazio la loro energia termica.

Una nana bianca tipica ha un raggio di circa 5000 chilometri, praticamente come il nostro pianeta, ma una densità media di circa un miliardo di chilogrammi al metro cubo (ovvero una tonnellata per centimetro cubo, un milione di volte più densa del Sole) e una temperatura alla superficie di 10.000 gradi Celsius. A densità così elevate il materiale stellare è nelle condizioni di gas degenere (ciò significa che gli elettroni presenti occupano tutti i possibili livelli energetici determinati dai rispettivi numeri quantici). In queste stelle è proprio la pressione di degenerazione degli elettroni a equilibrare la forza di gravità, che altrimenti farebbe ulteriormente collassare il nucleo. Ma una nana bianca non può avere una massa che superi un certo limite, altrimenti continuerebbe indefinitamente la propria contrazione per insufficienza di forze oppositive, dando origine a una stella di neutroni (dove a opporsi alla forza di gravità è la pressione di degenerazione dei neutroni), o, per masse ancora maggiori, a un buco nero.

Questo limite critico di massa vale circa 1,4 volte la massa del Sole ed è noto come limite di Chandrasekhar, dal nome dell'astrofisico teorico indiano Subrahmanyan Chandrasekhar (1910-1995), che lo determinò per primo. Questo valore è apparentemente basso, ma sappiamo dalle osservazioni che durante la loro vita le stelle possono perdere grandi quantità di massa (oltre quella trasformata in energia), scendendo così sotto tale limite. Le giganti rosse, per esempio, perdono massa per opera dei cosiddetti venti stellari dovuti alla pressione di radiazione. Talvolta, a causa di tali perdite, dovute a instabilità particolari, la stella si spoglia dei suoi strati più esterni, che vanno a formare una **nebulosa planetaria**, lasciando esposti solo gli strati più interni, molto più caldi. Questa sarà la sorte che toccherà al nostro Sole.

Le stelle di massa maggiore, almeno 8 volte più massicce del Sole, invece, muoiono in modo violento, esplodendo come **supernove**. Dopo molte fasi di combustione nucleare, in cui la stella arriva a sintetizzare il ferro, poiché le reazioni di fusione di questo elemento sono endotermiche, il nucleo diventa instabile e implode, mentre gli strati esterni della stella esplodono. A questo punto si verifica una gigantesca liberazione di energia, con il guscio esterno, eiettato a grande velocità e con temperature elevatissime, che va a formare il cosiddetto residuo o **resto di supernova**.

Una supernova diffonde nello spazio gran parte del materiale che costituiva la stella di partenza. La nube di materia che si espande allontanandosi dal nucleo dell'esplosione viaggia a velocità elevatissima: diverse migliaia di chilometri al secondo (ecco uno dei motivi per cui non è particolarmente consigliabile andare a vivere su un pianeta che orbita attorno a una stella troppo massiccia: venire investiti dall'onda d'urto dell'esplosione di una supernova non è un'esperienza per niente piacevole, per non parlare della quantità di raggi gamma emessi, infinitamente superiore a qualunque esplosione nucleare terrestre possa venirci in mente). Questa nebulosa, di forma irregolare, in continua e rapida evoluzione, proprio a causa della velocità di espansione dei gas espulsi, prende appunto il nome di resto di supernova (dall'inglese SNR, Supernova Remnant). La luminosità di questo tipo di nebulosa è in parte dovuta al fatto di essere "illuminata" dalla luce della stella che ancora si trova al centro, ma una parte della radiazione emessa dalla nube è dovuta anche a processi fisici che avvengono direttamente all'interno della nube stessa.

Mentre il gas eiettato si allontana a gran velocità, il nocciolo imploso può diventare una **stella di neutroni**, dal raggio tipico di 10 chilometri e dalla densità media di circa 100 milioni di miliardi di chilogrammi al metro cubo, confrontabile con la densità di un nucleo atomico. Come accade a una ballerina, che aumenta la propria velocità di rotazione quando porta le braccia a sé (a causa del principio di conservazione del momento angolare), la stella contratta aumenta notevolmente la sua velocità di rotazione e può essere osservabile, in determinate circostanze, sotto forma di **pulsar** (contrazione dell'espressione inglese "pulsating star", stella pulsante) nelle frequenze delle onde radio.

Ma può capitare che anche la pressione di degenerazione dei neutroni non sia più sufficiente a resistere al collasso gravitazionale. Anche le stelle di neutroni hanno infatti una massa limite, pari a circa 3 masse solari. In questo caso, l'esito inesorabile dell'esplosione di supernova è un **buco nero**, così chiamato perché la sua gravità è talmente forte da impedire anche alla luce di scappare (motivo per cui è nero, quindi invisibile). Ed è quello che accade a tutte le stelle la cui massa iniziale supera le 25 masse solari.

FIGLI DELLE STELLE

Studiando la composizione delle rocce del nostro pianeta troviamo elementi leggeri come l'elio, il carbonio e l'ossigeno, ma anche elementi pesanti come il cobalto, l'oro, il piombo e l'uranio. Gli astrofisici hanno capito che i primi sono certamente sintetizzati all'interno delle stelle durante le varie fasi evolutive. Ma hanno anche capito che l'unico meccanismo conosciuto per produrre gli elementi più pesanti del ferro, come è appunto l'oro, sono le esplosioni di supernova. È infatti grazie all'enorme energia rilasciata nell'esplosione che, nella nube di gas eiettata nello spazio, si possono formare tutti gli elementi chimici, attraverso processi di fissione nucleare, ovvero con i nuclei che catturano protoni o, più facilmente, neutroni, in alcuni casi producendo anche elementi radioattivi che decadono in altri elementi, liberando nuovamente energia che va a riscaldare e ad alimentare il resto di supernova.

Ma è ancora grazie alle esplosioni di supernove che questi elementi vengono continuamente rimessi in circolo nello spazio. Se nel Sole e nel nostro Sistema Solare – e quindi sulla Terra – si trovano tutti questi elementi, compresi quelli pesanti, è perché, alcuni miliardi di anni fa, deve essere esplosa una supernova che ha fornito i materiali necessari alla formazione della nebulosa protosolare da cui sono poi nati il Sole e i pianeti, Terra compresa. Ora, non sappiamo se Alan Sorrenti, quando scrisse *Figli delle stelle* (nel 1977), pensasse proprio a questo concetto – molto probabilmente no – ma la vita sulla Terra non esisterebbe senza il fondamentale contributo di elementi pesanti arrivato diretto da una stella massiccia esplosa nelle nostre vicinanze, quando né il Sole né la Terra ancora esistevano.

Ecco perché siamo davvero tutti figli delle stelle: uno qualunque degli atomi che compone il nostro corpo è stato sicuramente sintetizzato dalla fusione nucleare che avveniva nel nucleo di quella stella o nel resto di supernova eiettato nello spazio in seguito all'esplosione.

STELLE GIOVANI, STELLE ANZIANE

Dunque esistono stelle giovani, stelle di mezza età (come il Sole), stelle vecchie. Ma soprattutto ci sono stelle di generazioni diverse. Il nostro Sole, per esempio, è sicuramente di una generazione successiva a quella della stella massiccia esplosa come supernova, che dobbiamo sicuramente ringraziare per averci fornito tutto il materiale necessario per costruire il nostro sistema planetario.

Gli astrofisici hanno pensato di suddividere le generazioni di stelle in **popolazioni stellari**. In pratica, una popolazione rappresenta una generazione di stelle. Naturalmente, dato che le stelle hanno vita lunga, e che l'Universo non esiste da molto tempo, il numero di generazioni di stelle non è particolarmente elevato. Si stima che al massimo siano tre. Quindi, in pratica, abbiamo tre popolazioni stellari, denominate "Popolazione I", Popolazione II" e, infine, "Popolazione III", ipotizzata teoricamente, ma della cui esistenza non si hanno ancora prove certe. Facile, vero? Il problema è che, per semplificare la vita al pubblico dei lettori (in realtà per motivi storici), le stelle di Popolazione I sono le più giovani – e il nostro Sole appartiene a questa generazione – mentre quelle più vecchie, appartenenti alla prima generazione di stelle, nate subito dopo il Big Bang e adesso estinte (anche se forse qualcuna esiste ancora, e i cosmologi le stanno dando la caccia), sono di Popolazione III.

Certamente, a questo punto vi sarà sorta spontanea la domanda: ma come si fa a distinguere le diverse generazioni di stelle? Ebbene, esiste un modo, anche piuttosto semplice, almeno dal punto di vista teorico, ed è quello di andare a studiare la composizione chimica delle stelle. Infatti, se pensiamo che gli elementi pesanti all'inizio non esistevano (alla fine della nucleosintesi primordiale, pochi minuti dopo il Big Bang, gli unici elementi presenti erano in massima parte idrogeno e un po' di elio), diventa facile capire che se una stella li contiene è sicuramente di una generazione successiva a quella di una che non li contiene. Il Sole contiene elementi pesanti, come anche la Terra, per cui non può che essere una stella di ultima generazione.

In realtà, per essere più precisi, per popolazione stellare gli astrofisici intendono un vasto insieme di stelle di tutti i tipi, appartenenti a una galassia, con caratteristiche simili per età, distribuzione spaziale, ovvero dove si trovano nello spazio, cinematica, ovvero come si muovono nello spazio, e metallicità (in astrofisica, la metallicità è l'abbondanza di elementi più pesanti dell'elio: anzi, per semplicità, tutti gli elementi oltre l'idrogeno e l'elio vengono chiamati metalli).

Così, le stelle di Popolazione I sono stelle generalmente giovani, ad alto contenuto di metalli (ovvero di elementi più pesanti dell'idrogeno e dell'elio) e vengono tipicamente osservate nei bracci delle galassie a spirale (ecco perché il Sole è una stella di Popolazione I). Per questo motivo sono anche chiamate popolazione di disco. Le stelle degli **ammassi aperti** sono di Popolazione I. Questi ammassi sono costituiti da un numero di stelle che può variare da qualche decina fino a diverse centinaia. In effetti, le stelle di un ammasso aperto sono generalmente molto giovani o comunque fra le più giovani di quelle che si trovano all'interno di una galassia. Sono raggruppate perché si trovano ancora nella zona in cui sono nate, là dove prima c'era un'enorme nube di gas e polveri dalla quale hanno avuto origine.

Per questo motivo, capita spesso di osservare ammassi aperti associati a nebulosità diffuse che diventano visibili proprio perché illuminate – attraverso varie tipologie di processi fisici – dalle stelle dell'ammasso che si trovano al loro interno o nelle immediate vicinanze, come accade per esempio nel caso delle **Pleiadi**. Si tratta di uno degli ammassi aperti più famosi, nella costellazione del Toro, in cui le stelle – circa un migliaio, di colore blu, calde e giovani, con un'età stimata di "appena" 100 milioni di anni – sono ancora avvolte da una tenue nebulosità, che costituisce il materiale residuo da cui si sono formate.

Gli ammassi aperti si possono osservare nelle galassie a spirale e sono oggetti del disco galattico, si trovano quindi tutti distribuiti su un piano, il cosiddetto piano galattico, per la precisione lungo i bracci a spirale. Ed è infatti nei bracci a spirale che avviene principalmente la formazione stellare. Per cercare quelli appartenenti alla nostra galassia, occorre quindi puntare gli strumenti nelle zone di cielo dove passa la Via Lattea, la striscia lattiginosa di stelle che taglia il cielo in due parti e che rappresenta proprio il disco della nostra galassia visto di taglio per effetto prospettico, perché il Sole – e quindi il nostro punto di osservazione – si trova esattamente al suo interno.

Le stelle di Popolazione II sono invece stelle vecchie, a bassa metallicità, osservate nelle zone centrali ("bulge", noto in italiano con l'espressione "bulbo galattico") delle galassie a spirale, nelle galassie ellittiche e nell'alone di tutte le galassie. La Popolazione II è quindi anche detta popolazione di alone. Le stelle degli **ammassi globulari** sono di Popolazione II. Mentre in genere gli ammassi aperti sono fra gli oggetti più giovani osservabili all'interno di una galassia, gli ammassi globulari sono invece sicuramente gli oggetti più vecchi che una galassia può contenere. A differenza degli ammassi aperti, così chiamati perché in essi le stelle si trovano distribuite in maniera casuale e senza una particolare simmetria, gli ammassi globulari sono essenzialmente sferici, con una concentrazione delle stelle che aumenta andando dalla periferia verso il centro dell'ammasso. Anche il numero di stelle che li costituisce è molto diverso da quello tipico degli ammassi aperti: da qualche centinaia di migliaia a qualche milione, come **Omega Centauri**, l'ammasso globulare più massiccio della nostra Galassia, che si stima contenga circa 10 milioni di stelle, con un'età di quasi 12 miliardi di anni! Gli ammassi globulari hanno una distribuzione spaziale molto diversa da quelli aperti: essi si trovano infatti distribuiti nell'alone galattico, un volume sferico di materia che avvolge completamente la nostra galassia e popolato dalle stelle più vecchie osservabili, ossia quelle praticamente nate poco dopo la sua formazione.

Le stelle di Popolazione III, infine, apparterrebbero a una generazione precedente a quella delle stelle di Popolazione II e probabilmente non sono più osservabili. L'esistenza di questa popolazione stellare è stata comunque ipotizzata per spiegare la presenza di elementi pesanti nelle stelle di Popolazione II. In pratica, stelle di Popolazione III esplose come supernove avrebbero arricchito di elementi pesanti il mezzo interstellare da cui sarebbero poi nate le generazioni stellari successive. Naturalmente non tutte le stelle appartenenti a una certa popolazione sono nate contemporaneamente, per cui la classificazione appena descritta può essere ulteriormente dettagliata: così, per esempio, le stelle molto giovani di ultimissima generazione sono dette di Popolazione I estrema, mentre quelle più vecchie sono dette di Popolazione I intermedia. Lo stesso tipo di suddivisione è praticato anche sulle stelle di Popolazione II.

Ora che il Sole non ha più segreti per noi (magari fosse così!) e sappiamo attorno a quanti e quali tipi di stelle un pianeta può trovarsi a orbitare – per non parlare dei **sistemi binari** o **multipli**, ovvero dei sistemi composti da due o più stelle orbitanti attorno al comune centro di massa, con tutte le varie configurazioni e conseguenti "stranezze" evolutive – noi turisti spaziali possiamo finalmente muoverci negli spazi interstellari per andare a visitare alcuni dei sistemi stellari più ameni e curiosi della nostra Galassia! Le rotte sono tracciate, basta solo avere grande spirito di avventura, l'abbigliamento e gli accessori adatti, e tanta pazienza, perché questa volta il viaggio sarà davvero molto lungo, ma ricco di luoghi selvaggi ed esotici da esplorare!

CAPITOLO 11

ESOPIANETI, CHE MERAVIGLIA!

TERRA

PIANETA

Distanza media dal sole: 149,6 milioni di km (= 1 ua, unità astronomica)
Massa: 5,9 milioni di miliardi di miliardi di kg
Raggio medio: 6371 Km
Temperatura min/max: -88/58 °C
Durata del giorno: 23,93 ore
Durata dell'anno: 365,26 giorni
Numero di satelliti: 1
Sistema di anelli planetario: no

Se una stella media, per non dire mediocre, come il nostro Sole può avere un corteo di pianeti, asteroidi e comete, non c'è alcun motivo per pensare che anche la miriade di stelle che popola il cielo notturno non possa avere qualche pianeta che le orbita attorno.

Il problema è che, a causa delle distanze che ci separano anche dalle stelle più vicine, riuscire a vedere un pianeta – che brilla solo ed esclusivamente della luce riflessa della stella attorno a cui orbita – non è un'operazione particolarmente semplice. Ma alla fine, grazie alla tenacia e all'ingegno degli astronomi, siamo arrivati anche a scoprire pianeti orbitanti attorno ad altre stelle, e per questo chiamati pianeti extrasolari o, più semplicemente, esopianeti.

L'idea che potessero esistere altri mondi, anche abitabili, oltre al nostro, è antica e, almeno nella storia occidentale, si può far risalire a pensatori come Democrito (460-390 a.C.) ed Epicuro (341-270 a. C.). Entrambi i filosofi greci credevano nell'esistenza di infiniti mondi, ipotizzando che alcuni di essi fossero popolati da piante, animali e altre creature viventi. Questa idea percorse i secoli fino ad arrivare a Giordano Bruno, che nel suo libro *De l'infinito, universo e mondi*, pubblicato nel 1584, scrisse con estrema chiarezza: "Ci sono innumerevoli Soli e innumerevoli terre tutte ruotanti attorno ai loro soli, esattamente allo stesso modo dei sette pianeti del nostro sistema. Noi vediamo solo i soli perché sono i corpi più grandi e luminosi e i loro pianeti rimangono a noi invisibili perché sono più piccoli e non luminosi. Gli innumerevoli mondi nell'universo non sono né peggio né meno abitati della nostra terra" (i sette pianeti sono Mercurio, Venere, Terra, Luna, che orbita attorno alla Terra, Marte, Giove e Saturno).

Il filosofo e frate domenicano andò addirittura oltre l'eliocentrismo del sistema copernicano, ipotizzando l'esistenza di un Universo infinito, popolato da un numero infinito di stelle e di altri mondi: idee per le quali venne giudicato eretico dall'Inquisizione cattolica, e, dopo aver vissuto in esilio per decenni, condannato infine a morire sul rogo. Ma la sua eredità di libero pensatore e le sue idee cosmologiche ebbero grande importanza per lo sviluppo della scienza, allora nascente, e sono arrivate sino a noi come un grande esempio del modo in cui la mente umana può arrivare a immaginare ancora prima di vedere, esattamente come fanno oggi i fisici teorici.

La prima conferma delle ipotesi di Giordano Bruno, ovvero la scoperta di un pianeta esterno al Sistema Solare risale al 1992, grazie agli studi dell'astrofisico Alexander Wolszczan (1946). Lo scienziato polacco, analizzando le emissioni radio della pulsar **PSR B1257+12** da lui scoperta, si accorse che non erano regolari: sembravano infatti riflettere alterazioni provocate dall'attrazione gravitazionale esercitata da corpi orbitanti attorno a essa. Egli ipotizzò che ci fossero due pianeti, e presto l'ipotesi trovò conferme. Adesso sappiamo che gli esopianeti di questa pulsar, distante circa 2300 anni luce in direzione della costellazione della Vergine, sono tre. Per inciso, il più interno del sistema è anche l'esopianeta con la massa più piccola conosciuta, circa la metà di quella della Luna.

La scoperta, pur creando grande eccitazione nella comunità scientifica, pose anche un nuovo problema, non irrilevante. Gli astronomi infatti non si aspettavano di trovare pianeti attorno a una stella di neutroni, che è uno dei possibili risultati dell'esplosione di una supernova. Ma le ipotesi sull'origine di questi pianeti non tardarono ad arrivare. La prima – terribile per i possibili abitanti e visitatori di quei mondi – è che inizialmente fossero dei giganti gassosi, la cui atmosfera sia stata spazzata via dall'esplosione della stella madre. La seconda ipotesi è che, al contrario, questi pianeti siano nati dopo l'esplosione, dall'aggregazione dei detriti e dei materiali residui presenti nel resto di supernova. Se nelle vostre peregrinazioni a giro per la Via Lattea vi capitasse di passare da quelle parti, potreste contribuire a risolvere la questione.

OK, MA ATTORNO A STELLE SIMILI AL SOLE?

In ogni caso, dalla scoperta di questi esopianeti, l'attesa dell'annuncio della scoperta di un pianeta extrasolare orbitante attorno a una stella ordinaria diventò sempre più frenetica, e trovò la sua soluzione in un celebre congresso organizzato a Firenze il 6 ottobre 1995: è stato infatti in quella data che gli astronomi svizzeri Michel Mayor (1942) e Didier Queloz (1966), entrambi in forza all'Osservatorio di Ginevra, hanno annunciato la scoperta di un oggetto di massa planetaria (0,5 volte la massa di Giove) in orbita attorno alla stella di tipo solare **51 Pegasi**, distante da noi circa 50 anni luce.

Fu quella la prima volta che gli astronomi ebbero le prove dell'esistenza di pianeti orbitanti attorno a stelle simili al Sole, ma al di fuori del Sistema Solare.

Da quel momento l'elenco di esopianeti scoperti si è allungato a dismisura, arrivando a quasi 4500, alcuni naturalmente appartenenti a sistemi planetari multipli, proprio come il nostro. Oltre 2600 sono stati scoperti da un solo strumento: il telescopio spaziale *Kepler*, lanciato dalla NASA nel 2009 proprio con lo scopo di dare la caccia a pianeti simili alla Terra orbitanti attorno ad altre stelle. E molti altri sono già in lista di attesa, che aspettano semplicemente una nuova osservazione che confermi la loro presenza. Di tutti i pianeti scoperti sino a ora, però, solo alcuni hanno una pur vaga somiglianza con il nostro pianeta. Tuttavia, nessuno degli oltre 700 sistemi planetari extrasolari multipli – ovvero con più di un pianeta orbitante attorno alla stella centrale – assomiglia realmente al nostro Sistema Solare, per numero e varietà di pianeti presenti.

QUASI UN SISTEMA SOLARE!

Fra questi, il sistema che sembra più promettente, almeno per il momento, è quello denominato **TRAPPIST-1**: un sistema planetario distante circa 40 anni luce da noi in direzione della costellazione dell'Acquario, la cui stella centrale è una nana rossa, attorno alla quale orbitano ben sette pianeti. Di questi, i sei più interni sono probabilmente di tipo roccioso, ovvero come il nostro pianeta e gli altri pianeti del Sistema Solare interno (Mercurio, Venere e Marte). Inoltre, cinque di questi sono simili alla Terra per dimensioni e i restanti due sono intermedi tra Terra e Marte. Il quarto, il quinto e il sesto pianeta si trovano a orbitare nella cosiddetta "zona abitabile", e quindi potrebbero essere dotati di un'atmosfera anche simile alla nostra, ma, soprattutto, avere sulla superficie acqua allo stato liquido. La zona abitabile è infatti quella regione attorno a una stella in cui le condizioni sono tali da favorire la nascita di forme di vita (la Terra si trova proprio al centro della zona abitabile del Sistema Solare: né troppo vicina, come Mercurio e Venere, dove le temperature superficiali sono proibitive, né troppo lontana come Marte, dove invece le temperature sono troppo basse perché la vita possa mantenersi in superficie).

I sette pianeti di TRAPPIST-1 orbitano così vicini fra loro – le loro orbite sono decine di volte più vicine della distanza che separa l'orbita della Terra da quella di Marte – che alcuni ricercatori hanno addirittura ipotizzato che, nel caso in cui su uno dei pianeti si sia formata la vita, questa potrebbe essere stata trasferita con estrema facilità agli altri con una serie di processi di panspermia interplanetaria, cioè il trasferimento di forme di vita (organismi semplici, tipicamente) da un corpo planetario a un altro, trasportate da eventuali comete o da asteroidi. In TRAPPIST-1 i ricercatori stimano che il meccanismo della panspermia possa essere di alcuni ordini di grandezza più probabile rispetto, per esempio, al sistema Terra-Marte, e quindi, in estrema sostanza, rispetto al Sistema Solare nel suo insieme.

A CACCIA DI ESOPIANETI

Se è davvero così difficile scoprire gli esopianeti, come hanno fatto gli astronomi a scoprirne così tanti in così poco tempo? La risposta è: sviluppando diverse tecniche, da impiegare a seconda delle diverse circostanze. La tecnica più ovvia, naturalmente, è quella dell'osservazione diretta, purtroppo possibile solo per un ristretto numero di casi – tipicamente giganti gassosi abbastanza distanti dalla stella centrale – perché resa molto difficile dal fatto che tali corpi celesti sono ovviamente molto meno luminosi della stella attorno a cui orbitano, ragione per cui la loro osservazione è disturbata dalla luminosità della stella stessa. Ma, come è facile immaginare, la maggior parte dei pianeti è tuttavia stata scoperta attraverso tecniche di osservazione indirette. Fra queste le principali sono tre: il metodo delle velocità radiali, il metodo astrometrico e il metodo dei transiti.

Il primo metodo consiste nel cercare eventuali variazioni nelle lunghezze d'onda della luce emessa da una stella. Per capire come funziona, proviamo a pensare a che cosa accade quando sentiamo la sirena di un mezzo di soccorso mentre si avvicina a noi e poi mentre si allontana. L'esperienza ci insegna che la sirena in avvicinamento ha un suono più acuto di quando quella stessa sirena è in allontanamento. Questo fenomeno è nome come **effetto Doppler**, dal nome del fisico austriaco Christian Andreas Doppler (1803-1853) che per primo lo scoprì, nel 1845, applicato alle onde sonore. Il fisico francese Hippolyte Fizeau scoprì indipendentemente lo stesso effetto nelle onde elettromagnetiche nel 1848 (tanto che, in Francia, l'effetto è a volte chiamato "effetto Doppler-Fizeau"). In pratica, quando una sorgente di onde (sonore, luminose ecc.) e un osservatore sono in movimento l'uno rispetto all'altra, si produce una variazione delle lunghezze d'onda percepite: tanto più si allontanano, tanto maggiori sono le lunghezze d'onda emesse.

In generale, quindi, quando una sorgente sonora si avvicina, percepiamo il suono più acuto (quindi con una lunghezza d'onda minore); quando invece si allontana, il suono cambia frequenza e lo percepiamo sempre più basso (ovvero con lunghezze d'onda maggiori). Analogamente, i colori di una sorgente luminosa che si avvicina molto velocemente a noi appaiono spostati verso lunghezze d'onda minori, cioè verso il blu (da cui l'espressione inglese blue-shift), mentre quelli di una sorgente luminosa in allontanamento li vedremo spostati verso il rosso (red-shift).

Tornando al caso di una stella, proprio a causa dell'effetto Doppler si ha una dipendenza della lunghezza d'onda della luce stellare che osserviamo dal moto relativo della sorgente e dell'osservatore. Se oggetti pesanti orbitano attorno all'astro, e di conseguenza lo costringono a oscillare orbitando attorno al comune centro di massa del sistema, la luce emessa cambia leggermente spettro (il fenomeno si capisce bene pensando per esempio a una giostra: quando guardiamo la giostra in rotazione, infatti, una parte di questa si allontana da noi, mentre quella opposta si avvicina; dopo mezzo giro le due parti sono invertite e così via, fino a quando la giostra non si ferma). Con questo metodo è stato appunto scoperto il primo pianeta in orbita attorno a una stella di tipo solare, la 51 Pegasi, da Mayor e Queloz.

La seconda tecnica impiegata nella ricerca di pianeti extrasolari consiste invece nella **misurazione della posizione delle stelle**, ovvero nell'impiego di tecniche astrometriche. Le stelle infatti non sono fisse nel cielo, ma si spostano lentamente; l'effetto della presenza di pianeti orbitanti attorno a esse e della loro attrazione gravitazionale, determina un ondeggiamento a "zig zag" della traccia del loro spostamento, che altrimenti sarebbe lineare.

Il **metodo dei transiti** consiste infine nel cercare di rivelare leggere diminuzioni periodiche della luminosità di una stella causate dal passaggio di un pianeta di fronte a essa (è quello che accade al Sole durante le eclissi, ovvero quando la Luna gli passa davanti, occultandolo parzialmente o totalmente). L'entità del calo di luminosità permette di calcolare il diametro del pianeta (assumendo che quello della stella possa essere stimato con precisione). Perché il metodo dei transiti sia applicabile, occorre che da Terra si osservi l'orbita del pianeta quasi di taglio. Questo permette anche di determinare l'oscillazione della velocità radiale della stella (con lo spostamento Doppler prima citato), da cui è possibile trarre informazioni sulla massa effettiva del pianeta. Così, la conoscenza di massa e densità del pianeta permette di calcolarne la densità media, e da questa a sua volta è possibile fare delle deduzioni sulla sua composizione – in particolare, se è formato principalmente da gas o da rocce. In alcuni casi è stato anche possibile identificare spettroscopicamente i gas nelle atmosfere di pianeti giganti in transito.

Insomma, la ricerca di altri sistemi planetari in effetti è cominciata da meno di trent'anni, ma i risultati ottenuti fino a oggi sono estremamente promettenti.

PIANETI DI TUTTI I TIPI

Se girellando per il Sistema Solare pensavate di aver visto tutti i tipi possibili di pianeti, beh, sappiate che vi sbagliate di grosso. La varietà di esopianeti scoperti è enorme, e non sempre è facile classificarli.

Certo, molti esopianeti hanno dimensioni e caratteristiche simili a quelle di Giove o Nettuno (o intermedie fra i due pianeti) – sono i più facili da scoprire: la loro massa perturba infatti in maniera significativa il moto della stella attorno a cui orbitano – ma questi corpi in genere orbitano così vicino alle loro stelle da avere atmosfere estremamente calde, con temperature oltre 1000 gradi Celsius.

Per questo motivo sono anche noti con i nomi di **gioviani caldi** (Hot Jupiters, in inglese) e **nettuniani caldi**. In ogni caso, rientrano tutti, assieme anche ai giganti ghiacciati, come Urano e Nettuno nel nostro Sistema Solare, nella vasta categoria dei giganti gassosi. Ma esistono anche pianeti gassosi con dimensioni nettamente più piccole di quelle di Nettuno e per questo sono chiamati **mini-nettuniani**.

Altri invece orbitano attorno a stelle fredde (addirittura attorno a nane brune, stelle mancate) oppure così lontani dalle rispettive stelle da avere superfici estremamente fredde e perpetuamente ghiacciate. Alcuni però orbitano attorno a stelle simili al Sole, hanno la superficie solida e rocciosa e un'atmosfera che potrebbe essere in grado di sostenere forme di vita: esopianeti di questo tipo ma di dimensioni più grandi della Terra vengono definiti **super-Terre**. D'altra parte anche la Terra è stata per lungo tempo inospitale: circa 4 miliardi di anni fa – 600 milioni di anni dopo essersi formata – entrò nell'"era del bombardamento pesante", una lunga e intensa pioggia di meteoriti che, alcuni ipotizzano, potrebbe anche avere portato o prodotto i "semi" chimici da cui ha poi avuto origine la vita. In effetti, pianeti di tipo terrestre assolutamente inospitali ne sono stati trovati molti, adesso, con le composizioni più disparate, come i pianeti di carbonio, quelli di ferro, quelli di lava e altri ancora.

Ma sono molte anche le stelle attorno alle quali orbitano anelli di polveri e detriti ghiacciati. Gli astronomi ritengono che questi oggetti siano ciò che resta del processo di accrescimento che dà origine ai pianeti. In questo processo, infatti, il materiale più denso e vicino alla stella va a condensarsi in pianeti di varie dimensioni, mentre il materiale residuo viene proiettato verso l'esterno del sistema, andando appunto a costituire una fascia più o meno rarefatta di corpi di dimensioni medio-piccole, che restano in orbita attorno alla stella, trattenuti dagli effetti gravitazionali dei pianeti giganti, proprio come si osserva nel nostro sistema planetario, che ha esattamente un anello di questo tipo, rappresentato dalla fascia di Kuiper.

MONDI ABITABILI

Di tutti i pianeti scoperti sino a ora, però, nessuno può essere considerato un gemello della nostra Terra, né alcun sistema planetario extrasolare assomiglia veramente da vicino al nostro Sistema Solare, sia per numero che per varietà di pianeti presenti; fa eccezione il sistema **Kepler-90**, dove una stella di tipo solare – distante oltre 2800 anni luce in direzione della costellazione del Drago – ha un corteo di 8 pianeti, proprio come il Sole. Anche in questo sistema i pianeti rocciosi sono più vicini alla stella centrale e quelli gassosi sono più lontani.

In particolare, i sei pianeti interni hanno dimensioni che vanno dalle super-Terre ai mini-Nettuni, mentre i due pianeti esterni sono giganti gassosi. Raccontato così, sembrerebbe di essere quasi davanti a un parente stretto del nostro sistema planetario, se non fosse che il pianeta che orbita più lontano dalla stella si trova a una distanza inferiore di quella che separa la Terra dal Sole. In pratica, se mettessimo la stella centrale di Kepler-90 al posto del Sole, il sistema planetario sarebbe interamente compreso all'interno dell'orbita terrestre.

Ma la caccia alle stelle con pianeti abitabili, note come **habstars** (da "habitable stars", contrazione dell'espressione "stars with habitable planets"), si può considerare appena cominciata, anche se l'obiettivo è fissato da tempo: trovare, nella miriade di esopianeti che, ormai siamo certi, popolano la nostra Galassia (e anche le altre galassie, ovviamente), il gemello della Terra. Per scoprire se anche lì, come qua, è potuta nascere e svilupparе la vita.

Una delle condizioni che gli astronomi ritengono essenziali perché il pianeta sia ospitale da questo punto di vista è che sia un **pianeta Goldilocks**. Sì, proprio così: pianeta "Riccioli d'oro". Il motivo per cui i pianeti potenzialmente ospitali per la vita si chiamano così è presto detto. *Riccioli d'oro e i tre orsi* è infatti un'antica fiaba di origine inglese. Nella sua versione più celebre, la protagonista è una bambina, chiamata appunto Riccioli d'oro (Goldilocks, nella versione originale) che, posta davanti a una scelta, ha la caratteristica di eliminare gli estremi per scegliere sempre la via di mezzo, quella che per lei è "proprio giusta". Così, fra un oggetto troppo grande o troppo piccolo, lei sceglie quello di dimensioni "proprio giuste", fra un cibo troppo caldo o troppo freddo, sceglie quello con la temperatura "proprio giusta" e così via. Così, prendendo spunto da questa fiaba, gli astronomi hanno definito il pianeta Goldilocks, o pianeta Riccioli d'oro: un pianeta che ha le condizioni "proprio giuste" perché lì possa svilupparsi la vita. E perché questo accada, il pianeta deve trovarsi nella zona abitabile circumstellare, ovvero a una distanza dalla stella tale da garantire sulla superficie del pianeta la presenza dell'acqua allo stato liquido, considerata condizione essenziale per lo sviluppo di forme di vita.

Comunque, qualche pianeta che ha una somiglianza con il nostro gli astronomi l'hanno trovato. Non veri e propri gemelli, ma, come vengono chiamati, analoghi terrestri, ovvero esopianeti con condizioni simili a quelle che si trovano sulla Terra. Ora non è proprio banale rientrare in questa ristretta cerchia di pianeti, perché, per poter essere considerato un analogo terrestre, un corpo planetario deve rispettare tutta una serie di condizioni, fra le quali le principali sono: orbitare attorno a una stella di tipo solare; trovarsi nella zona abitabile circumstellare; avere caratteristiche fisiche, come massa e dimensioni, confrontabili con quelle della Terra; possedere un'atmosfera con caratteristiche fisiche (come temperatura e pressione) e chimiche (come la composizione) adeguate. Mettendo assieme tutti questi parametri, è possibile calcolare un indicatore – chiamato ESI (Earth Similarity Index), ovvero indice di similarità terrestre – che appunto definisce in percentuale il grado di somiglianza con il nostro pianeta. Al momento nessun esopianeta conosciuto ha un ESI pari al 100 per cento, ma qualcuno con ESI oltre l'80 per cento esiste, ed è già un risultato confortante. Ce n'è addirittura uno con ESI pari al 93 per cento: si chiama **Teegarden b** e orbita attorno a una nana rossa, detta stella di Teegarden, dal nome dell'astrofisico statunitense Bonnard J. Teegarden, che l'ha scoperta nel 2003.

Questa stella, con una massa appena sufficiente per riuscire a innescare la fusione dell'idrogeno all'interno del suo nucleo (con una massa di poco inferiore sarebbe rimasta una nana bruna), dista 12 anni luce in direzione della costellazione dell'Ariete e ha due pianeti di tipo terrestre, entrambi con orbite comprese all'interno della zona abitabile che, addirittura, potrebbero anche avere un'atmosfera densa.

Le probabilità stimate non sono altissime, ma almeno uno dei due potrebbe ospitare in superficie acqua allo stato liquido. Si capisce bene che una bella avventura interstellare verso questo sistema potrebbe portarci anche alla sorpresa di trovare forme di vita simili a quelle esistenti sulla Terra (e, perché no, anche una civiltà aliena, magari più evoluta della nostra). Non solo: potremmo anche trovare un luogo dove rifugiarci nel caso – non remoto, purtroppo – in cui il nostro pianeta non fosse più in grado di ospitarci.

MONDI DAVVERO STRANI... E INOSPITALI!

La maggior parte dei nuovi mondi è totalmente diversa dalla Terra. Mondi incredibili, dalle caratteristiche uniche. Quella che segue è la guida ad alcuni dei sistemi planetari più strani scoperti sino a ora. Le agenzie di viaggi interstellari non si sono ancora organizzate per gestire crociere verso queste destinazioni, purtroppo. Tutte troppo costose, alcune anche molto pericolose. Ma chissà che un giorno questo catalogo – che proviamo a scrivere come se fosse una sorta di volantino pubblicitario per viaggi avventurosi – non possa essere sfogliato da astroturisti in cerca di spettacoli naturali da emozioni forti.

L'ESOPIANETA PIÙ VICINO

Per trovare il pianeta extrasolare più vicino non c'è nemmeno da scomodarsi troppo. Proxima Centauri, la stella più vicina a noi, ospita infatti un pianeta di tipo terrestre orbitante nella zona abitabile. Ma non è facile stabilire se **Proxima Centauri b** sia davvero abitabile. La nana rossa attorno a cui orbita è infatti una stella variabile del tipo cosiddetto a brillamento ("flare star", in inglese). In pratica, ogni tanto subisce improvvisi aumenti di luminosità connessi al rilascio di energia causato dall'interazione fra i gas atmosferici e il campo magnetico della stella. Così, l'esopianeta si trova investito da un vento stellare alcune migliaia di volte più intenso del vento solare che colpisce la magnetosfera terrestre. Ma da Proxima b lo spettacolo del cielo deve essere comunque esaltante, considerato che, sempre attorno a Proxima Centauri, dovrebbe trovarsi un altro pianeta, **Proxima Centauri c**, la cui natura è ancora poco nota – forse una super-Terra, forse un mini-Nettuno – ma soprattutto, si vedono affiancate in cielo le altre due stelle del sistema multiplo a cui appartiene Proxima. Già, perché Proxima è solo una delle tre stelle – oltre tutto la più piccola e la meno brillante – che compongono il sistema di Alfa Centauri, in cui le due componenti brillanti, Alfa Centauri A e Alfa Centauri B, sono due stelle di tipo solare, molto più calde e brillanti di Proxima. Merita davvero un viaggio!

L'ANNO PIÙ LUNGO

Difficile che sia abitato, ma se lo fosse, i suoi abitanti probabilmente non si accorgerebbero nemmeno di muoversi attorno a una stella, tanto questa si trova distante dal pianeta. Si tratta del gigante gassoso **2MASS J2126-8140**, circa 13 volte la massa del nostro Giove, che si trova a orbitare alla ragguardevole distanza di quasi 700 miliardi di chilometri dalla nana rossa TYC 9486-927-1: una distanza oltre 4500 volte quella che separa la Terra dal Sole. Con un'orbita così ampia – la più estesa trovata sinora – 2MASS J2126-8140 riesce a terminare un giro completo attorno alla stella centrale, che vista da una tale distanza può addirittura essere confusa con le altre stelle del cielo, in circa 900.000 anni terrestri. Per visitare questo sistema planetario occorre viaggiare per poco meno di 90 anni luce in direzione della costellazione australe dell'Ottante.

IL FATO AVVERSO

Fra 5 miliardi di anni il Sole, esaurito l'idrogeno nel nucleo e terminata così la fusione termonucleare di quell'elemento, inizierà a fondere elio, diventando una gigante rossa. In questa fase i suoi strati esterni si espanderanno a tal punto da comprendere anche l'orbita della Terra, che quindi non sarà più abitabile. Possiamo farci un'idea di quello che accadrà al nostro pianeta studiando **Kepler-432b**, che si trova appunto a orbitare attorno a una gigante rossa in espansione. La stella, Kepler-432 A, che fa parte di un sistema binario a circa 9000 anni luce di distanza in direzione della costellazione del Cigno, ha infatti iniziato il percorso che, dopo la fase di gigante rossa, la porterà a diventare una nana bianca. Ma nel frattempo, in circa 200 milioni di anni, stimano gli astronomi, il pianeta Kepler-432b verrà via via rallentato nella sua orbita per finire "assorbito" e infine vaporizzato dall'atmosfera della stella. Chissà se, quando toccherà alla Terra, i nostri pronipoti troveranno il modo di fuggire dal pianeta in tempo!

IL PIANETA IN DISINTEGRAZIONE

Ci sono pianeti ancora più sfortunati di Kepler-432b, quelli in disintegrazione: si tratta di pianeti così vicini alla loro stella da essere spogliati dei gas atmosferici e, in alcuni casi, addirittura delle rocce superficiali, tanto che, nel giro di alcuni milioni di anni, non resterà più niente.

Di questi, il caso più eclatante è quello del pianeta **K2-22b**, a oltre 730 anni luce da noi, nella costellazione del Leone, con un periodo orbitale di poco superiore a 9 ore. Il pianeta orbita velocissimo attorno alla stella e a distanza molto ravvicinata: 45 volte più vicino di Mercurio rispetto al Sole. Ecco perché gli astronomi hanno trovato che si comporta quasi come una cometa: con una lunga coda di polvere che non solo lo segue, ma che anche lo precede. Materiale che la stella gli sta strappando via, fino a quando non lo avrà completamente disintegrato.

MONDO SOLITARIO

Quando si pensa a un pianeta, lo si immagina in orbita attorno a una stella. Ma non sempre è così. Capita infatti che alcuni pianeti si trovino a vagare nello spazio, lontani da qualunque stella. I pianeti solitari ("rogue planets", in inglese) sono stati espulsi dalle orbite attorno alle loro stelle e vagano liberamente, al largo da qualunque orbita prestabilita. Difficili da trovare, ma non impossibili: fra questi, troviamo **PSO J318.5-22**, sei volte la massa di Giove, isolato, ma sufficientemente caldo da poter essere osservato direttamente. Si trova a circa 80 anni luce da noi, nella costellazione australe del Pittore. Di questi oggetti, chiamati anche pianeti interstellari, non se ne conoscono molti, ma in futuro, con telescopi sempre più potenti, sarà più facile scovarli. Alcune teorie sulla formazione dei pianeti prevedono che la maggior parte dei pianeti o dei proto-pianeti venga espulsa. In pratica, possiamo ritenerci fortunati a trovarci su un pianeta in un'orbita stabile attorno a una stella come il Sole.

IL PIANETA TATOOINE

I fan della saga di *Guerre Stellari* sanno bene che la famiglia Skywalker (Anakin e suo figlio Luke) è originaria del pianeta Tatooine, che ha la particolarità di orbitare attorno a un sistema binario. Ma il tramonto con due stelle non esiste solo nella fantascienza. Anzi, in natura sono stati scoperti anche pianeti appartenenti a sistemi tripli, come abbiamo visto parlando di Proxima Centauri b!

La maggior parte dei pianeti si trova in sistemi solari che non assomigliano per niente al nostro, in effetti, quindi qualsiasi ipotesi fatta pensando ad analogie con il nostro Sistema Solare subisce spesso uno choc violento quando poi viene applicata al resto dei pianeti di cui siamo a conoscenza. E questo è il caso di **Kepler-16 (AB)b**, un pianeta di massa simile a quella di Saturno orbitante attorno al sistema binario Kepler-16. Distante da noi circa 250 anni luce, in direzione della costellazione del Cigno, rappresenta il primo caso osservativo confermato di pianeta circumbinario, ovvero che orbita attorno a due stelle contemporaneamente. Con un periodo di rivoluzione di 229 giorni, garantisce agli ipotetici visitatori albe e tramonti mozzafiato, proprio come su Tatooine, che è anche il soprannome dato a questo esopianeta!

LA STELLA SFORTUNATA

Si dice che le persone fortunate siano nate sotto una buona stella. Credenze astrologiche a parte, esiste senz'altro un pianeta nato sotto una cattiva stella, anzi, una stella che non si è mai accesa: si tratta di **2M1207b**, un gigante gassoso, con una massa pari a circa 5 volte quella di Giove, che si trova a orbitare attorno alla nana bruna 2M1207A, distante circa 170 anni luce da noi in direzione della costellazione del Centauro. Le nane brune sono stelle mancate: hanno infatti masse insufficienti a innescare le reazioni termonucleari al loro interno. Una nana bruna quindi non è in grado di bruciare il proprio combustibile nucleare, tuttavia per qualche tempo può essere calda a causa della contrazione gravitazionale. Il pianeta orbita a una distanza simile a quella che separa Plutone dal Sole, quindi non riceve molta luce dalla stella, ma ha comunque una temperatura superficiale stimata di oltre 1300 gradi Celsius. È sicuramente inospitale, ma detiene un record importante: nonostante sia 100 volte meno brillante della stella attorno a cui orbita, è infatti il primo esopianeta scoperto con un'immagine diretta, ripresa nell'aprile 2004 dal *Very Large Telescope* dell'Osservatorio Australe Europeo (ESO).

IL PIANETA PREZIOSO (FORSE)

A 40 anni luce da noi, nella costellazione del Cancro, si trova una stella simile al Sole, 55 Cancri A, attorno alla quale orbitano cinque pianeti (e una stella compagna, 55 Cancri B). Uno di questi, **55 Cancri e**, con un diametro doppio di quello del nostro pianeta e una massa quasi nove volte maggiore, è stato il primo a venire considerato una super-Terra. Ma la somiglianza con la Terra finisce qui. Già, perché secondo alcuni astronomi il pianeta è composto essenzialmente di carbonio. E molto di questo carbonio, nelle condizioni di temperatura e pressione che si trovano all'interno del pianeta, sarebbe nella sua forma più nobile, quella del diamante. In pratica ci troveremmo di fronte a una grande pietra preziosa spaziale, che continua a riservare molte sorprese agli astronomi.

55 Cancri e è stato infatti il primo pianeta di cui è stato possibile analizzare l'atmosfera, ricca di idrogeno ed elio, ma priva di vapore acqueo. Ma uno studio ancora più recente sostiene invece che sia simile a quella della Terra, anche se molto più spessa e calda. Non solo: la superficie del pianeta potrebbe essere avvolta da lava incandescente. Insomma: il diamante, se c'è, è sicuramente in cassaforte.

IL PIANETA OSCURO

Tutti sappiamo che i pianeti non brillano di luce propria, ma solo di luce riflessa. Non tutti i pianeti, però, riflettono la luce delle loro stelle alla stessa maniera. Ce ne sono alcuni più brillanti (la Terra è uno di questi, grazie alle nuvole), altri molto, molto meno. Ecco, da pianeti come **TrES-2b** sarà difficile trarre informazioni. Già, perché è l'esopianeta più scuro fra tutti quelli individuati. Il suo potere riflettente – o albedo – è infatti inferiore all'1 per cento, ovvero riflette meno dell'1 per cento della luce che gli arriva dalla stella attorno a cui orbita. Gli astronomi non conoscono il motivo di questa albedo così bassa, ma è come se il pianeta fosse interamente avvolto da una vernice di colore nero acrilico opaco. Simile a Giove, orbita attorno a una stella distante 700 anni luce, nella costellazione del Drago, e ha l'onore di essere stato il primo oggetto osservato dal telescopio spaziale *Kepler*: ecco perché si chiama anche Kepler-1b.

IL PIANETA DI ACQUA

Uno degli aspetti più affascinanti dello studio dei pianeti extrasolari è cercare di capire come sono fatti, se sono solidi, liquidi, gassosi, qual è la loro composizione, se hanno un'atmosfera, se hanno satelliti, se possono ospitare la vita. L'acqua, in effetti, è una delle molecole più ricercate, anche perché, senza questa, la vita sulla Terra non sarebbe nata. Ma sul pianeta **Gliese 1214 b** – in orbita attorno a una nana rossa distante 42 anni luce da noi in direzione della costellazione di Ofiuco (il Serpentario) – sembra essercene molta di più di quanta ne abbiamo sul nostro pianeta. Classificato come una super-Terra, secondo alcuni modelli planetari Gliese 1214 b potrebbe essere completamente avvolto da un oceano di acqua liquida sovrastato da una spessa atmosfera. Non solo: a causa delle altissime pressioni che si trovano alle profondità di alcune decine di migliaia di chilometri, l'acqua potrebbe trovarsi in stati della materia particolari, come forme esotiche di ghiacci o plasmi.

PIANETA O COMETA? PIANETA COMETA!

In direzione della costellazione del cavallo alato Pegaso, a una distanza di circa 150 anni luce da noi, si trova una stella molto simile al nostro Sole: HD 209458. Ogni 3 giorni e mezzo, però, davanti a HD 209458 passa un altro oggetto che la occulta parzialmente, riducendone temporaneamente la luminosità (di appena il 2 per cento). Nel 1999, due gruppi indipendenti di ricerca scoprirono che quell'oggetto era in realtà un pianeta, avente una massa pari a circa 200 volte quella della Terra (per confronto, Giove ha 318 masse terrestri), e orbitante attorno alla stella centrale a una distanza di appena 6,5 milioni di chilometri, troppo vicino per essere minimamente ospitale. **HD 209458 b** detiene quindi il record di primo pianeta scoperto in transito davanti alla propria stella.

L'atmosfera del pianeta, composta quasi esclusivamente da idrogeno, riesce lentamente a sfuggire all'attrazione gravitazionale del pianeta stesso, formando così una sorta di coda simile a quella delle comete. Ma in questo caso si tratta di una "cometa" gigantesca!

PIOGGIA DI ROCCE...

Nel Sistema Solare abbiamo incontrato piogge di metano, grandinate di ammoniaca e svariati altri fenomeni meteorologici curiosi, ma la pioggia di rocce è, secondo uno studio, prerogativa esclusiva dell'esopianeta **K2-141b**, un mondo roccioso poco più grande della Terra, ma che orbita davvero troppo vicino alla stella centrale, una nana arancione, un po' più piccola e fredda del Sole. Bloccato gravitazionalmente alla stella, come la Luna con la Terra, anche K2-141b rivolge sempre la stessa faccia verso la superficie infuocata della stella, tanto da riscaldarsi fino a temperature superiori a 3000 °C. A queste temperature, le rocce fondono e alcuni materiali evaporano. A quel punto entrano in gioco i venti violenti del pianeta, che soffiano sulla superficie a velocità supersoniche, arrivando fino a 5000 chilometri orari. Sono i venti a portare questi "vapori di rocce" verso il lato notturno, sempre al buio e per questo molto più freddo: circa -200 °C. A queste temperature i vapori minerali condensano di nuovo in rocce, per precipitare nell'oceano di magma sottostante, che potrebbe avvolgere tutto il pianeta. Da qui, le correnti nel magma riportano le rocce verso l'emisfero caldo, per poi ricominciare il ciclo, in maniera simile a quello dell'acqua sulla Terra. Con effetti sicuramente devastanti sia per l'atmosfera che per la superficie dell'esopianeta.

... E PIOGGIA DI FERRO!

Se la pioggia di rocce incandescenti vi sembra un'avventura semplice da affrontare, nessun problema, il catalogo di esopianeti offre anche altre esperienze da professionisti del meteo estremo. Per esempio, una pioggia di ferro fuso. Che ne dite, può interessare? Anche qui siamo ancora nel campo delle ipotesi, ma è molto probabile che **WASP-76b**, un gioviano caldo in orbita attorno a una stella di tipo solare distante circa 640 anni luce in direzione della costellazione dei Pesci, possa fare davvero al caso vostro. Anche questo esopianeta è in rotazione sincrona, proprio come la Luna, e mostra sempre lo stesso emisfero alla stella. Così, l'emisfero caldo, sempre illuminato, raggiunge temperature di 2400 °C, mentre in quello notturno le temperature scendono a 1500 °C. In queste condizioni, si verifica un ciclo di evaporazione, condensazione, precipitazione non per l'acqua, ma per i metalli come il ferro! I forti venti, prodotti dalla grande differenza di temperatura fra l'emisfero diurno e quello notturno, fanno il resto, trasportando i vapori di ferro verso la faccia più fredda, dove poi condensano per piovere sotto forma di gocce di ferro fuso, in particolare in prossimità del confine serale fra i due emisferi. Se questo non è l'inferno, non siamo comunque molto lontani.

NOTTURNO (CON "SPOILER ALERT")

Nel 1941, il celebre scrittore di fantascienza russo naturalizzato statunitense Isaac Asimov (1920-1992) scrisse un racconto, intitolato *Notturno* (*Nightfall*), in cui ipotizzava l'esistenza di un pianeta appartenente a un sistema stellare sestuplo, ovvero composta da sei stelle. Su questo pianeta – denominato Lagash – il buio era sconosciuto, perché almeno una stella delle sei restava sempre sopra l'orizzonte. Solo in alcune, rarissime, circostanze, con cinque stelle tramontate e solo una stella a illuminare il pianeta, capitava che una luna (sconosciuta, perché invisibile di giorno, ma individuata teoricamente grazie alla teoria della gravitazione universale, proprio come Nettuno) passasse a eclissare questa stella immergendo il pianeta nell'oscurità.

[*Inizio spoiler*: se non conoscete il racconto, non leggete le prossime righe.] L'eclissi durava un tempo limitato, mezza giornata, ma sufficiente a far impazzire gli abitanti di Lagash a tal punto da portarli alla distruzione della loro civiltà. [*Fine spoiler*: ora correte a leggere il racconto!]

Gli astronomi non hanno ancora scoperto alcun pianeta extrasolare orbitante in un sistema del genere, ma, per quanto difficile (probabilmente le orbite planetarie sarebbero estremamente instabili), non è escluso che prima o poi venga individuato anche un esopianeta come Lagash (il cui nome, per inciso, ricorda un'antica città-stato, prima sumera, poi babilonese, di cui sono rimaste solo alcune rovine).

D'altra parte, di stelle multiple ne esistono tante, comprese anche stelle sestuple. Una di queste, per esempio, è nota sin dall'antichità, perché è visibile a occhio nudo. Si tratta della stella **Castore**, Alfa Geminorum, una delle due stelle principali della costellazione dei Gemelli (l'altra è Polluce, Beta Geminorum: assieme, queste due stelle rappresentano le teste dei mitologici Dioscuri, i gemelli figli di Zeus e Leda, regina di Sparta, a cui Zeus, per sedurla, si presentò sotto forma di cigno). Qui abbiamo un sistema di tre stelle, ciascuna delle quali è in realtà un sistema binario, composto appunto da due stelle. In effetti non è difficile immaginare quanto già immaginò Asimov nel suo racconto, ovvero che, su un ipotetico pianeta appartenente a questo sistema, la piena oscurità non si verifichi mai, perché almeno una delle sei stelle è sempre sopra l'orizzonte.

Immaginatevi di vivere su un pianeta del genere, dove la notte non scende mai, e dove i giorni si tingono di colori diversi a seconda dei tipi di stelle che si trovano sopra l'orizzonte. Per andare a vedere l'effetto che fa, occorre viaggiare per oltre 50 anni luce. Una distanza che, anche alla velocità record di circa 700.000 chilometri orari, che verrà raggiunta dalla sonda *Parker Solar Probe* nel suo percorso orbitale di avvicinamento al Sole, richiederebbe quasi 80.000 anni per essere percorsa.

Diciamolo chiaramente: senza la propulsione a curvatura di cui sono dotate le astronavi della flotta interstellare di *Star Trek* e che permette loro di spostarsi da una parte all'altra dell'Universo a velocità superluminali, l'esplorazione dello spazio è davvero complicata!

CAPITOLO 12

LA VIA LATTEA E I SUOI BUCHI NERI

Se, peregrinando per i pianeti extrasolari, pensavate di aver raggiunto chissà quali distanze, ci sentiamo in dovere di informarvi che, nonostante queste distanze siano già enormi, siamo ancora abbondantemente all'interno della nostra "casa" nell'Universo: la nostra Galassia, meglio nota come Via Lattea.

VIA LATTEA

GALASSIA

Distanza dal centro della galassia: 27.000 anni luce
Diametro: 100.000-120.000 anni luce
Spessore: 1000 anni luce
Rotazione: 250 milioni di anni alla distanza del Sole
Massa: circa 1 bilione (1012) di masse solari
Numero di stelle: 300 miliardi ± 100 miliardi
Età: 13,2 miliardi di anni
Tipo di galassia: spirale barrata
Principali satelliti: Grande e Piccola Nube di Magellano

Dalla Terra possiamo farci un'idea di che cosa sia se ci troviamo sotto un cielo senza nuvole, buio e trasparente. Un cielo stellato è sempre uno spettacolo meraviglioso: migliaia di punti luminosi e scintillanti che occhieggiano da uno sfondo nerissimo, disposti secondo figure e geometrie che nel corso dei secoli hanno ispirato la fantasia di filosofi, poeti, naviganti e, naturalmente, astronomi. Ma lo sfondo su cui vediamo brillare le stelle è solo apparentemente nerissimo. Nelle notti buie e senza Luna è infatti possibile scorgere una striscia luminosa, che attraversa da una parte all'altra tutto il cielo, talvolta restringendosi, talvolta allargandosi: è la Via Lattea. La sua luce è composta dalla radiazione di miriadi di stelle lontane che i nostri occhi non riescono a distinguere, ma già un piccolo telescopio amatoriale è in grado di mostrare gli splendidi campi stellari della Via Lattea in tutta la loro magnificenza. Adesso siamo pronti, con la nostra crociera interstellare, a percorrere questa "strada di luce" che illumina il cielo notturno.

IL LATTE DI ERA

La mitologia greca vuole che la Via Lattea si sia formata con gocce di latte sparse dal seno di Era, moglie di Zeus, mentre allattava Eracle (Ercole nella mitologia romana). Si narra infatti che Zeus, sempre a caccia di fanciulle, avesse scelto la bella Alcmena per generare un figlio fortissimo: Eracle, appunto. Ma Alcmena, temendo l'ira di Era, abbandonò il figlio. Istigata da Zeus, Atena condusse Era dal neonato e la convinse ad allattarlo. Era, non sospettando alcun inganno, si mosse a pietà, ma quando Eracle si attaccò con forza eccessiva al seno della dea, questa, gemendo dal dolore, lo allontanò di scatto, stupita. Intanto un getto di latte cadeva in terra trasformandosi in giglio, mentre un altro getto finiva in cielo, trasformandosi nella Via Lattea, appunto. Ma Zeus aveva comunque ottenuto ciò che voleva: l'immortalità di Eracle, abbeveratosi col latte di Era. Per la verità esistono altre versioni dello stesso mito, ma tutte fanno comunque riferimento al latte versato da Era nell'atto di allattare Eracle.

Ecco dunque spiegata l'origine del nome Via Lattea, proveniente dal latino "Via Lactea", a sua volta derivato dal termine greco Γαλαξίας, "Galaxias", il quale ha nella radice la parola γάλα, "gala", che significa latte. Così, che si dica Via Lattea o si dica

Galassia, si citano sempre termini che riconducono al mito greco e all'origine della meravigliosa striscia lattiginosa che attraversa il cielo notturno grazie a uno schizzo di latte. Parafrasando un antico detto, verrebbe da affermare che mai latte fu versato con maggior profitto.

LA NOSTRA CASA NELL'UNIVERSO

Come anticipato, la Via Lattea è la nostra casa nell'Universo: è infatti la galassia a cui appartiene il Sole con il suo sistema planetario. Ora, non ci confondiamo, quando diciamo "casa" non intendiamo un piccolo appartamento, né tantomeno un monolocale, ma una bella e ampia villa ricca di ambienti – come abbiamo potuto notare visitando una piccolissima porzione di pianeta extrasolari – e di un impianto di illuminazione letteralmente "stellare".

La Via Lattea, il cui nome ufficiale è Galassia, con la G maiuscola, essendo la nostra la galassia per eccellenza, è infatti un sistema stellare tenuto insieme dalla forza di gravità, in cui tutta la massa – stelle, gas, polveri, materia oscura – orbita attorno al centro del sistema stesso. E il Sole, ovvero una delle innumerevoli stelle che popolano la Galassia, non viene meno a questa semplice regola.

La nostra Galassia ha una forma a spirale, simile a quella di molte altre galassie, con un disco appiattito sul quale si sviluppano i bracci di spirale (per essere rigorosi, in realtà è una spirale barrata, perché i bracci di spirale non partono direttamente dal bulbo centrale, ma da due prolungamenti contrapposti di stelle, che gli astronomi chiamano "barra"). Purtroppo per noi, però, è impossibile vedere direttamente questa forma, che è stato possibile determinare solo attraverso osservazioni radioastronomiche indirette sulla posizione e la velocità delle nubi di idrogeno neutro: il Sole si trova infatti all'interno del disco, e anche piuttosto in periferia. È questo il motivo per cui ciò che vediamo della Galassia sono le stelle dei nostri dintorni, distribuite in maniera sostanzialmente uniforme su tutto il cielo, e una striscia luminosa e indistinta di stelle e polveri che attraversa il cielo, la Via Lattea, appunto, che altro non è che il disco della nostra Galassia osservato dal nostro particolare punto di vista. È un semplice effetto prospettico dovuto alla forma appiattita della nostra Galassia.

Le prove del fatto che la nostra Galassia ha una struttura a spirale, derivanti da misure radioastronomiche, sono piuttosto recenti: risalgono infatti alla seconda metà del secolo scorso. E nonostante nel 1785 William Herschel avesse già tentato di tracciare una mappa che ritraeva la forma del nostro sistema stellare, solo attorno agli anni Venti del secolo scorso fu possibile comprendere che il Sole non solo non era al centro dell'Universo, ma non era nemmeno al centro della Galassia.

LA STRUTTURA DELLA GALASSIA

Il Sole è soltanto una degli oltre 200 miliardi di stelle (è solo una stima, potrebbero anche essere il doppio!) che popolano il nostro sistema stellare. Oltre a questo incredibile numero di stelle, la Galassia è riccamente popolata di ammassi stellari, nebulose, gas e polveri interstellari.

Come ogni galassia a spirale, è un sistema sostanzialmente appiattito composto da un **disco** di spessore ridotto e da un rigonfiamento centrale, detto **bulge** (bulbo). Da questo nucleo centrale (nelle galassie a spirale normali, da una **barra** in quelle barrate come la nostra, appunto) partono i cosiddetti **bracci di spirale**, distribuiti sul disco della Galassia, mentre a occupare un volume sferico che avvolge tutto il disco – ma molto meno densamente popolato – troviamo l'**alone**, in cui vecchie stelle isolate e ammassi globulari testimoniano l'età del nostro sistema stellare. Il diametro della Galassia è di circa 100.000 anni luce, mentre nel punto di suo massimo spessore il bulge (la parte più spessa del disco) è esteso solo un trentesimo del diametro, ovvero circa 3000 anni luce. Il resto del disco ha uno spessore di circa 1000 anni luce.

Il centro della Galassia si trova nella direzione della costellazione del Sagittario. Purtroppo questo ci è invisibile, come pure tante altre zone della nostra galassia, a causa della presenze di dense nubi di materia interstellare che oscurano la luce emessa dalle stelle che si trovano dietro. Alcune ampie strisciate scure di polvere (i cosiddetti **sacchi di carbone**) sono facilmente visibili a occhio nudo a contrasto con lo sfondo luminoso di stelle della Via Lattea che, osservato al telescopio, dimostra tutta la sua incredibile bellezza: quella che infatti a occhio nudo appare come un fascia luminosa continua si risolve in miriadi di stelle che popolano campi stellari fittissimi!

La Galassia ruota su se stessa in maniera differenziale, ovvero a velocità diverse a seconda della distanza: il Sole, posto a una distanza di circa 27.000 anni luce dal centro, ruota a una velocità di 220 chilometri al secondo e impiega circa 225 milioni di anni a compiere un'intera rotazione: quest'ultima quantità è chiamata anno cosmico. Lo studio della curva di rotazione della Galassia – ovvero del grafico che mostra le velocità orbitali delle stelle in relazione alla loro distanza dal centro galattico – dimostra che al suo interno è presente molta più materia di quanta ne sia visibile. Il 90 per cento della massa della Galassia è composto infatti da **materia oscura** che si manifesta soltanto attraverso i suoi effetti gravitazionali.

A parte i corpi del Sistema Solare, tutti gli altri oggetti celesti visibili a occhio nudo sono stelle appartenenti alla Galassia, con la sola esclusione di alcune galassie esterne che, data l'enorme distanza, appaiono come singoli astri, anche se composte da centinaia di miliardi di stelle come la nostra.

ATTENTI ALLE BUCHE... GRAVITAZIONALI!

Percorrendo la Via Lattea, può capitare di incontrare qualche problema, non connesso al traffico, naturalmente, ma alle eventuali "buche". In generale, la "strada" è ben illuminata dalle stelle che troviamo intorno, ma non è escluso che qualche buca lungo la strada non sia segnalata. Ora, le buche di cui parliamo sono molto diverse da quelle che troviamo lungo le strade delle nostre città, e sono fra gli oggetti più misteriosi del cosmo: i buchi neri. I quali, se non hanno qualche stella intorno a segnalarci la loro presenza, possono nascondersi alla nostra vista e sono difficilissimi, se non impossibili, da scorgere nel buio cosmico!

Per fortuna nostra, però, alcuni buchi neri sono in compagnia di altre stelle, nel senso che fanno parte di sistemi binari. In questo caso succede che la stella ceda parte della propria massa al buco nero, che la deglutisce avidamente. È proprio grazie alla possibilità di osservare il processo che porta la massa della stella a cadere nel buco nero – in particolare grazie alla radiazione X emessa dalla materia in caduta, distribuita in un disco di accrescimento che avvolge il buco nero – che siamo riusciti a scoprire i buchi neri stellari, alcuni dei quali si trovano anche nella nostra Galassia. Fortunatamente nessuno di questi è così vicino a noi da rappresentare una minaccia per la sopravvivenza della Terra o del Sistema Solare.

Fra i sistemi binari candidati a ospitare un buco nero, il primo a essere scoperto, nel 1964, fu **Cygnus X-1**, ovvero la sorgente X più luminosa della costellazione del Cigno. Questo sistema, con un periodo orbitale di circa 5 giorni e mezzo, è composto da una stella blu molto calda e di grosse dimensioni e da una secondaria invisibile, un oggetto estremamente compatto la cui massa stimata è di diverse masse solari (le ultime stime si attestano su circa 20 masse solari). Posta a una distanza di oltre 6000 anni luce, se la secondaria fosse una stella normale, sarebbe anch'essa facilmente visibile. La sua invisibilità, l'intensa emissione X prodotta dal sistema e, infine, la stima della massa fanno pensare alla maggioranza degli astronomi di essere proprio davanti al primo caso accertato di buco nero stellare.

Ma non vi consigliamo di andare a vedere da vicino se è davvero così, perché, per quanto la visione possa essere davvero spettacolare, potrebbe succedervi qualcosa di molto, molto brutto! L'intensità del campo gravitazionale in prossimità di un buco nero è infatti tale che anche solo fra la vostra testa e i vostri piedi ci sarebbe una grossa differenza nella forza di attrazione, così che verreste letteralmente "stirati" e "allungati" dal campo (non deve essere una bella morte, anche se arriva in maniera rapida). Gli astrofisici hanno chiamato questo processo "spaghettificazione", parola che rende in effetti molto bene l'effetto risultante. E non pensate che la vostra astronave possa aiutarvi: non esiste alcun materiale in grado di resistere a queste forze!

L'incontro con un buco nero stellare potrebbe già aver soddisfatto la vostra curiosità in merito, ma la nostra Galassia non si fa mancare niente e, oltre ai buchi neri stellari, ha anche il suo bel buco nero supermassiccio al centro, **Sagittarius A***, scoperto grazie allo studio dei moti delle stelle vicine al centro della Galassia e dell'intensa emissione X (e gamma, ma anche radio) proveniente dalle zone più interne del bulge. Un buco nero supermassiccio, lo dice la parola stessa, è un oggetto che ha una massa estremamente grande concentrata in un volume limitato: nel caso di Sagittarius A*, distante circa 27.000 anni luce da noi in direzione della costellazione del Sagittario, dove appunto si trova il centro della nostra Galassia, la massa stimata è attorno a 4 milioni di masse solari. Ora potete solo immaginare la magnificenza di un oggetto simile e l'incredibile spettacolo a cui un astroturista può assistere avvicinandosi – a distanza di sicurezza, si intende – a un buco nero simile. Peccato che le crociere verso il centro della Galassia non siano mai entrate nei cataloghi delle agenzie di viaggi interstellari e che i pochi esploratori che si sono avventurati in quella direzione non siano mai tornati indietro a raccontarci com'era andata... Preferiamo non immaginarlo.

CHE COS'È UN BUCO NERO

Il nome buco nero (in inglese "black hole") fu coniato nel 1967 dall'astrofisico teorico statunitense John Archibald Wheeler (1911-2008) per riferirsi a un corpo celeste la cui gravità era così intensa da non lasciar scappare nemmeno la luce. Per questo venne definito "nero": perché non emette luce. Ecco allora il motivo di tanto mistero: poiché i buchi neri non sono luminosi, non possiamo vederli mai direttamente e siamo costretti a cercarli e studiarli solo attraverso gli indizi indiretti che la loro presenza lascia nell'ambiente circostante. In altre parole, se un buco nero mangia una stella, noi non "vediamo" il buco nero, ma possiamo osservare comunque gli effetti devastanti del suo intenso campo gravitazionale, come nel caso di Cygnus X-1 o di Sagittarius A*.

Proprio per questa loro caratteristica fondamentale, non avremo mai alcuna possibilità di individuare un buco nero isolato nello spazio. Sono solo gli effetti sulle stelle e sulla materia che lo circondano a fornirci indizi sull'eventuale presenza di uno di questi oggetti. Per spiegare questo concetto, John Wheeler propose una curiosa analogia. Supponiamo infatti di trovarci in una sala da ballo scarsamente illuminata dove le donne siano tutte vestite di bianco e gli uomini abbiano invece tutti abiti scuri. Le prime resteranno comunque visibili, mentre i secondi saranno invece delle ombre impercettibili. Così, guardando le coppie ballare, vedremo le donne muoversi in una coreografia che ci farà con facilità intuire la presenza dei partner maschili, seppure invisibili.

Fu Einstein a spiegare l'impossibilità della luce di fuggire da un buco nero in termini di deflessione della luce da parte di un campo gravitazionale. In pratica, nelle vicinanze di un buco nero, lo spazio-tempo è così incurvato che anche le traiettorie dei raggi luminosi si ripiegano su loro stesse senza via di scampo. Così, per esempio, per trasformare il Sole in un buco nero dovremmo concentrare tutta la sua massa in una sfera di circa 3 chilometri di raggio, mentre la Terra si trasformerebbe in un buco nero solo a patto di diventare una pallina con una raggio di appena 9 millimetri!

Se, ricevute tutte queste avvertenze, voleste comunque intraprendere un viaggio verso un buco nero, speriamo che abbiate compreso che è un viaggio di sola andata. Attorno al buco nero esiste infatti una regione, delimitata dal cosiddetto "orizzonte degli eventi", oltrepassato il quale non è più possibile tornare indietro. L'aspetto curioso è che, spaghettificazione a parte, non vi accorgereste di attraversare questo confine, mentre i vostri compagni di viaggio rimasti eventualmente fuori ad assistere al vostro tuffo mortale vi vedrebbero avvicinare indefinitamente all'orizzonte per poi fermarvi lì, e letteralmente non assisterebbero alla vostra caduta. Scherzi della teoria della relatività generale.

Per inciso, fra questi scherzi possiamo includere anche le **onde gravitazionali**, della cui esistenza solo di recente si è finalmente avuta la conferma diretta, grazie alle osservazioni con strumenti – chiamati antenne o interferometri gravitazionali – appositamente progettati allo scopo. La teoria della relatività prevede infatti che, per esempio, un sistema binario stretto composto da stelle compatte – come una stella di neutroni e un buco nero, o due buchi neri, appunto – emetta onde gravitazionali, a spese dell'energia totale del sistema stesso. Le onde gravitazionali sono rappresentabili come "increspature" temporanee nel tessuto spazio-temporale, che al loro passaggio varia la propria curvatura. Il passaggio di un'onda gravitazionale è quindi percepito da un corpo come una piccola variazione locale della curvatura dello spazio-tempo, ed è proprio quello che "misurano" gli interferometri gravitazionali. Quindi adesso abbiamo un modo per scoprire i buchi neri anche se non si vede alcuna emissione elettromagnetica: l'importante è che siano in un sistema binario e decidano di fondersi assieme!

I DINTORNI DELLA NOSTRA GALASSIA

La nostra Galassia non vaga isolata nell'Universo. Nelle nostre "vicinanze" si trovano infatti diverse altre galassie, che vanno a comporre un piccolo ammasso chiamato **Gruppo Locale**.

Delle circa ottanta galassie del Gruppo Locale, le più importanti, oltre alla nostra, sono la **Galassia di Andromeda** (M31) e la **Galassia del Triangolo** (M33), entrambe a spirale come la nostra, distanti da noi oltre 2,5 milioni di anni luce. Molto più vicine, a circa 200.000 anni luce, si trovano la **Piccola** e la **Grande Nube di Magellano**, due piccole galassie irregolari satelliti della nostra. È quindi giunto il momento di spiccare definitivamente il volo e uscire dalla nostra "casa" per andare a visitare gli altri "universi isola" (per dirla con le parole del filosofo tedesco Immanuel Kant, 1724-1804) che popolano il cosmo.

Da ora in poi i nostri viaggi non saranno più né interplanetari, né interstellari, ma intergalattici. E le distanze da percorrere saranno ancora più estreme. Ma nessuna paura: zaino in spalla e via. Ci vediamo sulla Galassia di Andromeda.

CAPITOLO 13

VIAGGI INTERGALATTICI

Il Sole e il suo corteo di pianeti, fra cui la Terra, si trovano immersi in un sistema stellare, la nostra Galassia, della cui struttura complessiva è possibile farsi un'idea solo attraverso osservazioni indirette, come abbiamo visto.

Ma se volessimo anche solo immaginare come potrebbe apparire la nostra Galassia se potessimo osservarla da lontano, possiamo andare a cercare in cielo uno degli oggetti celesti più studiati dagli astronomi: la grande **Galassia di Andromeda**.

Già visibile a occhio nudo – ma solo in condizioni di cielo assolutamente buio e con l'occhio perfettamente adattato all'oscurità – come un tenue "batuffolo di luce", questa galassia dalla forma a spirale assomiglia veramente molto alla nostra, tanto che potremmo quasi definirla la gemella della Via Lattea. Ecco perché gli astro-

AMMASSI DI GALASSIE

GALASSIE

Ammasso di galassie a cui appartiene la nostra: Gruppo Locale
Numero di galassie del Gruppo Locale: circa 80
Membri principali del Gruppo Locale: Via Lattea, Galassia di Andromeda, Galassia del Triangolo
Il Gruppo Locale è parte di: Ammasso della Vergine
Numero di galassie nell'Ammasso della Vergine: 1200-2000
Distanza dal centro dell'Ammasso della Vergine: 54 milioni di anni luce
Massa dell'Ammasso della Vergine (Sole = 1): 1,2 milioni di miliardi

nomi l'hanno sempre studiata con particolare attenzione. E allora, perché non proviamo a staccarci dal disco della nostra Galassia per puntare verso Andromeda? Così, durante il viaggio, potremo ogni tanto guardarci indietro e vedere l'enorme spirale di stelle in cui siamo nati e abbiamo sempre vissuto, finché, un giorno, non abbiamo deciso di esplorare anche altre galassie.

LA NOSTRA "DIRIMPETTAIA"

Dato che dista da noi oltre 2 milioni e mezzo di anni luce, vale a dire qualcosa come 25mila miliardi di chilometri, la Galassia di Andromeda è l'oggetto celeste più lontano che i nostri occhi siano in grado di percepire senza alcun aiuto strumentale. Questo fatto è tanto più affascinante se pensiamo che la luce che giunge adesso a noi è partita da là oltre 2 milioni e mezzo di anni fa, appunto, ovvero quando ancora la nostra specie doveva fare la sua comparsa sulla Terra!

La nostra Galassia e quella di Andromeda sono le componenti principali di un piccolo gruppo composto da un'ottantina di galassie, denominato **Gruppo Locale** (ma la maggior parte sono galassie nane). In effetti, la Galassia di Andromeda non è la galassia più vicina a noi – la Grande e la Piccola Nube di Magellano si trovano entrambe a meno di 200mila anni luce di distanza da noi, ovvero a una distanza oltre dieci volte inferiore di quella a cui si trova la Galassia di Andromeda (e ci sono galassie nane ancora più vicine) – ma è sicuramente il sistema galattico più importante che si trovi nelle nostre "vicinanze", parlando in senso astronomico, naturalmente.

Proprio per la sua incredibile somiglianza con la nostra Galassia e per la sua estrema vicinanza, quella di Andromeda è una delle galassie più osservate e meglio conosciute dell'Universo, anche perché il suo studio permette di comprendere meglio la struttura e la distribuzione di stelle della nostra galassia, che possiamo studiare solo da un punto di vista interno e periferico.

Non solo: la misura della distanza della Galassia di Andromeda ha rappresentato un passo fondamentale per la determinazione delle distanze cosmiche. Se ora noi sappiamo quanto è grande l'Universo, un po' lo dobbiamo anche a lei: fu infatti il primo oggetto celeste di cui si scoprì la natura extragalattica. Già, perché prima degli anni Venti dello scorso secolo, si ipotizzava che oggetti come la Galassia di Andromeda, all'epoca noti con il nome di nebulose a spirale, fossero appartenenti alla nostra Galassia. Ora, sappiamo che la Galassia di Andromeda è ben distante da noi, ma anche che si sta avvicinando a grande velocità. Comunque non abbiamo niente da temere, almeno per il momento: le due galassie arriveranno a incrociarsi – e non necessariamente a incontrarsi – fra circa 5 miliardi di anni!

LA "COMPAGNIA DELLA GALASSIA"

Uscendo dai "ristretti" confini della nostra Galassia, ci troviamo di fronte a una situazione incredibile: la Galassia vista dall'esterno, con la sua struttura a spirale e con il Sole immerso in una miriade di altre stelle, e, tutto attorno a noi, invece di stelle, possiamo osservare tantissime altre galassie, alcune più vicine e luminose (e di dimensioni apparenti maggiori), altre via via più lontane, che ci appaiono non già puntiformi come le stelle, ma come piccoli "batuffoli di luce". Il nostro cielo adesso è costellato di altri sistemi stellari, alcuni simili al nostro, altri di aspetto e dimensioni diverse.

Le galassie del Gruppo Locale sono tutte raccolte in una porzione di spazio relativamente piccola: si trovano infatti distribuite in una sfera dal diametro approssimativo di circa 10 milioni di anni luce. Nonostante la loro relativa vicinanza, molte di esse sono galassie nane, alcune di tipo ellittico, altre irregolari.

Oltre alla nostra Galassia e a quella di Andromeda, il terzo componente principale e la **Galassia del Triangolo** (M33). Questa è una galassia a spirale di tipo diverso rispetto sia alla nostra che a quella di Andromeda: ha infatti una condensazione nucleare molto piccola e bracci a spirale aperti e rarefatti. Com'è tipico osservare in questa categoria di galassie, in M33 si ha un notevole tasso di formazione stellare, naturalmente lungo i bracci di spirale, dove in generale è distribuita la maggior parte della materia interstellare della galassia, e nei quali si possono osservare molte condensazioni luminose facilmente interpretabili come zone in cui si trovano stelle giovani e molto calde.

Dalle nostre latitudini è purtroppo impossibile osservare le due Nubi di Magellano. La **Grande Nube di Magellano** si trova infatti nella costellazione del Dorado (classicamente rappresentata con un pesce spada, anche se la parola portoghese "dorado" si riferisce a un grosso pesce chiamato lampuga, che non ha la "spada"), mentre la **Piccola Nube di Magellano** si trova nel Tucano, due costellazioni dell'emisfero celeste australe. Nonostante il nome faccia ipotizzare che le due galassie irregolari satelliti della nostra siano state scoperte dal navigatore portoghese Ferdinando Magellano (1480-1521), queste erano certamente conosciute fin dall'antichità dagli abitanti dell'emisfero australe, essendo ben visibili a occhio nudo. Il primo a citarle fu l'astronomo persiano Abd al-Rahman al-Sufi (903-986), nel 964, nel suo *Libro delle stelle fisse.* Magellano, che le osservò nel 1519 durante il suo viaggio di circumnavigazione del globo terrestre, fu tuttavia il primo europeo a descriverle, anche se alcuni studiosi ipotizzano che nella descrizione del cielo australe presente in una lettera del 1502 indirizzata da Amerigo Vespucci (1454-1512) a Lorenzo di Pierfrancesco de' Medici, il navigatore fiorentino si riferisca con l'espressione "Canopi [...] brillanti" proprio alle due Nubi di Magellano.

L'INCONSAPEVOLE SCOPERTA DI MESSIER

Oltre il Gruppo Locale, che già ha dimensioni di qualche milione di anni luce, le distanze diventano enormi, e il primo ammasso di galassie che incontriamo uscendo dal Gruppo Locale è l'Ammasso della Vergine, i cui membri distano da noi diverse decine di milioni di anni luce e così chiamato perché si trova appunto nella costellazione della Vergine. È piuttosto ricco, poiché al suo interno si contano circa 2 migliaia di galassie, la cui distanza media da noi è di circa 60 milioni di anni luce. Questa relativa vicinanza fa sì che molte delle sue galassie, e comunque le principali, siano facilmente osservabili con telescopi amatoriali.

Non è un caso che questo sia stato anche il primo ammasso a venire scoperto: fu l'astronomo francese Charles Messier (1730-1817), celebre per il suo catalogo di oggetti nebulari – noto appunto come *Catalogo di Messier,* pubblicato per la prima volta nel 1774 (che elencò per evitare di confonderli con eventuali comete, a cui lui dava la caccia) – ad annotare nel 1781, in relazione alla scoperta della galassia a spirale M91 (sì, adesso avete capito che cosa significa quella M davanti al numero, è l'iniziale di Messier!), che "la costellazione della Vergine e specialmente la zona settentrionale è una delle costellazioni che raccoglie più nebulose". Successivamente Messier scoprì altre "nebulose" in zona, portando a sedici il totale degli oggetti nebulari di quella zona di cielo – a cavallo fra le costellazioni della Vergine e della Chioma di Berenice – presenti nel suo catalogo. Questo fatto condusse Messier a riferire di aver osservato un ammasso di nebulose, almeno un secolo e mezzo prima che si comprendesse la reale natura delle galassie e pertanto si capisse che quello osservato da Messier era un vero e proprio ammasso di galassie reciprocamente legate dalla gravitazione.

LA PRIMA "FOTOGRAFIA" DI UN BUCO NERO

Fra gli oggetti nebulari del catalogo di Messier spicca sicuramente la **galassia M87**, un'ellittica gigante che domina l'Ammasso della Vergine ed è certamente una delle più grandi galassie conosciute. Obiettivo privilegiato degli astronomi a causa della sua relativa vicinanza a noi, ospita un **buco nero supermassiccio** con una massa stimata attorno a 6,5 miliardi quella del nostro Sole. Sì, avete letto bene: 6 miliardi e mezzo, un'esagerazione. In effetti è uno dei buchi neri più massicci conosciuti. Messo a confronto con questo, il buco nero supermassiccio della nostra Galassia è davvero minuscolo.

Questo buco nero, che si trova al centro della galassia, fa sì che i fenomeni che si verificano nel nucleo di M87 siano particolarmente energetici, tanto da far annoverare questa galassia fra le galassie attive, avendo anche un'intensa emissione nei raggi X e nel radio (da cui il nome di Virgo A, ovvero di radiosorgente più intensa della Vergine). Dal centro di M87 emerge un getto di materia esteso per almeno 5000 anni luce. Tale getto contiene la materia eiettata dal disco di accrescimento costituito dalla materia che orbita attorno al buco nero supermassiccio. Questo buco nero è il primo e, a oggi, anche l'unico a essere stato fotografato. Insomma, per la verità non è proprio una fotografia tradizionale, ma un'immagine bella complicata da ottenere. I dati per produrre l'immagine vennero infatti raccolti nel 2017, ma la "fotografia" è stata pubblicata solo nel 2019, dopo un lungo e complesso processo di elaborazione. E comunque ora possiamo finalmente scrivere che siamo anche riusciti a immortalare un buco nero, o, meglio, la sua ombra, con il suo enorme disco di accrescimento e tutti gli effetti connessi alla deformazione dello spazio-tempo nelle sue vicinanze.

Molte altre galassie, oltre a M87, sono caratterizzate da un'intensa emissione che si estende su un ampio intervallo di lunghezze d'onda (dalle onde radio ai raggi X) proveniente dal nucleo, la parte centrale del bulge. Sono i cosiddetti **nuclei galattici attivi**, in sigla **AGN** (dall'inglese Active Galactic Nuclei), in cui, almeno secondo il modello teorico più accreditato, un buco nero supermassiccio è impegnato ad attrarre e catturare irreversibilmente tutta la materia che gli orbita attorno cadendo verso l'interno lungo un disco di accrescimento.

L'incredibile luminosità dei nuclei di queste galassie, dette galassie attive, è spesso molto superiore a quella del resto della galassia. È per esempio il caso dei **QSO** (Quasi-Stellar Object, oggetto di aspetto quasi stellare), oggetti distanti miliardi di anni luce, resi visibili proprio da questa intensissima radiazione. Adesso sappiamo infatti che i QSO, fra cui si annoverano anche i **quasar**, caratterizzati da emissione radio molto potente, sono proprio nuclei di galassie attive di cui, a causa della distanza, è praticamente impossibile vedere il resto, notevolmente più debole di luminosità.

I quasar, ma in generale gli oggetti molto distanti, possono essere protagonisti di veri e propri "miraggi cosmici", causati dalla deflessione della luce, prevista dalla teoria della relatività generale.

Una delle previsioni di questa teoria, infatti, dimostrata sperimentalmente pochi anni dopo la sua enunciazione, è la deflessione dei raggi di luce a opera del campo gravitazionale. La misura fu eseguita la prima volta nel 1919 dall'astrofisico inglese Arthur Eddington (1882-1944), in occasione di un'eclisse totale di Sole, osservando le posizioni apparenti di alcune stelle di sfondo in prossimità del disco solare occultato dalla Luna e confrontandole con le rispettive posizioni assunte a distanza di 6 mesi, quando quelle stesse stelle si trovano dalla parte opposta del Sole rispetto alla Terra e possono essere osservate di notte.

Ma la deflessione della luce è anche all'origine del fenomeno delle **lenti gravitazionali**: quando lungo la linea di vista fra noi e una sorgente lontana si trova una galassia o anche un ammasso di galassie, la luce della sorgente lontana viene deflessa più o meno intensamente proprio a causa della presenza di quella grande massa. Il risultato è che la sorgente lontana (un quasar, un galassia ecc.) viene osservata deformata e talvolta addirittura moltiplicata. La lente gravitazionale – appunto la massa della galassia o dell'ammasso di galassie lungo la linea di vista – può infatti deflettere in maniera diversa la luce a seconda della distribuzione della sua massa, potendo produrre anche immagini multiple della stessa sorgente lontana.

È quello che capita, per esempio, nel caso della **Croce di Einstein**, l'immagine multipla e deformata di un quasar distante collocato quasi esattamente dietro una galassia più vicina. L'effetto risultante è sconcertante, se si pensa che nessuno degli oggetti che si vedono nell'immagine è il vero quasar, distante circa 8 miliardi di anni luce, nascosto alla vista proprio dalla galassia, distante appena 400 milioni di anni luce.

NEL REGNO DELLA GRAVITÀ

Le galassie non amano vagare da sole nell'Universo. Grazie alla reciproca attrazione esercitata dalla forza di gravità, le galassie tendono ad aggregarsi, formando talvolta piccoli gruppi di qualche decina di galassie, talvolta ammassi o superammassi, con migliaia di galassie concentrate in una relativamente ristretta porzione di spazio (ma si parla sempre di distanze enormi!).

Il **Superammasso della Vergine** è il superammasso di galassie che contiene il nostro Gruppo Locale, e all'interno di questo la nostra Galassia. In un volume dal diametro di circa 100 milioni di anni luce contiene circa 100 tra gruppi e ammassi di galassie, e prende il nome dall'Ammasso della Vergine, che si trova vicino al suo centro. Il Gruppo Locale si trova alla periferia del superammasso, e si muove lentamente verso il suo centro, attratto dall'enorme massa dell'Ammasso della Vergine, i cui effetti gravitazionali si fanno sentire su larga scala, rallentando e attirando le galassie vicine. Studiando il moto delle galassie all'interno del Superammasso è possibile stimarne la massa totale, pari a circa un milione e mezzo di miliardi di masse solari. Ma la luminosità complessiva delle galassie appartenenti al superammasso è troppo bassa per rendere conto di questa cifra: ragione per cui si pensa che gran parte della sua massa sia composta di materia oscura.

Fino a qualche anno fa, il Superammasso della Vergine era anche chiamato **Superammasso Locale**, in analogia con il nome del Gruppo Locale. In realtà, studi più recenti hanno scoperto che lo stesso Superammasso della Vergine non è altro che un'appendice di un superammasso ancora più grande, chiamato **Laniakea**, parola hawaiana traducibile con l'espressione "Cieli immisurabili". E, in effetti, se già ci spaventavano le distanze fra le stelle, o fra le galassie più vicine, qui andiamo su dimensioni enormi e difficilmente immaginabili. Il Superammasso Laniakea ospita oltre 100.000 galassie (compresa la nostra!), disposte in un volume di oltre 520 milioni di anni luce.

Per capirsi, anche la luce, che pure viaggia a 300.000 chilometri al secondo, impiega oltre 500 milioni di anni per attraversarlo. Se una qualche civiltà aliena nata in una galassia all'estremità di Laniakea decidesse ora di inviarci un messaggio, questo ci arriverebbe quando forse la nostra civiltà sarà abbondantemente estinta. E comunque, se non lo fosse, ricevessimo il messaggio e decidessimo di rispondere, il viaggio andata e ritorno impiegherebbe oltre un miliardo di anni. Una frazione non irrilevante dell'intera vita dell'Universo, stimata attorno a 13,8 miliardi di anni.

NUMERI OLTRE OGNI IMMAGINAZIONE

Adesso sappiamo che l'Universo è pieno di galassie. Oltre 100 miliardi è la stima degli astronomi, ma c'è anche chi sostiene che siano molte di più. La nostra è una delle tante, tipica, di taglia media, con nessuna particolare caratteristica che la renda speciale (a parte il fatto che ospita noi, naturalmente). Ma come sono distribuite nello spazio tutte queste galassie? Lo occupano in maniera omogenea oppure sono disposte in maniera più complessa e articolata?

Per scoprire quale fosse la distribuzione a grande scala delle galassie fu ovviamente necessario procedere con la catalogazione del maggior numero di galassie possibile. Gli iniziatori delle attività di scandagliamento sistematico del cielo a caccia di nebulose e galassie – all'epoca ancora non era nota la differenza – da catalogare furono due nostre vecchie conoscenze, l'astronomo Friedrich Wilhelm Herschel e suo figlio John, autore del *General Catalogue of Nebulae and Clusters* (GC), pubblicato nel 1864 e contenente oltre 5000 oggetti nebulari, di cui più di 4600 erano stati scoperti da lui e da suo padre. Se si pensa che ancora oggi si impiega il *New General Catalogue* (quello della famosa sigla NGC), revisione e integrazione del GC operata dall'astronomo danese John Louis Emil Dreyer (1852-1926) nel 1888, si capisce quanto buono fosse stato il lavoro degli Herschel.

Fu proprio John Herschel, in fase di compilazione del suo catalogo, a scoprire che molte "nebulose" erano concentrate in una ristretta zona di cielo in direzione della costellazione della Vergine (come aveva già notato Messier), annotando che un terzo di queste era contenuto in un ottavo di cielo. Ma non si fermò qui, perché arrivò addirittura a descrivere quello che poi, oltre un secolo dopo, venne riconosciuto come il Superammasso della Vergine, un sistema, secondo quanto appuntato da Herschel, approssimativamente sferico, al cui centro doveva trovarsi la condensazione di galassie della Vergine, mentre la nostra Galassia era relegata alla lontana periferia, seppure collegata ad altri membri di questa stessa periferia (quello che adesso sappiamo essere il nostro Gruppo Locale di galassie). Peccato che John Herschel non conoscesse la natura extragalattica delle maggior parte degli oggetti da lui catalogati e che per lui e i suoi contemporanei fossero sempre e comunque "nebulose".

Riepilogando quanto anticipato poco sopra, la prima struttura a grande scala che si incontra allontanandoci dal piccolo gruppo di galassie cui appartiene la nostra, il cosiddetto Gruppo Locale, è l'ammasso di galassie della Vergine, di cui il Gruppo Locale stesso costituisce un'appendice periferica. L'Ammasso della Vergine si trova a sua volta in prossimità del centro di un superammasso, noto come Superammasso della Vergine, a sua volta appendice di un superammasso ancora più vasto, il Superammasso Laniakea (a cui è stato assegnato il nome di Superammasso Locale).

Gli astronomi si sono però resi conto che queste strutture sono ben poca cosa se confrontate con altre nemmeno poi così lontane. Uno degli aspetti più interessanti da considerare nello studio della distribuzione delle galassie nell'Universo è che le galassie isolate sono praticamente inesistenti. Secondo le stime più autorevoli, forse meno dell'1 per cento delle galassie si trova a vagare da solo nello spazio. Il 99 per cento delle galassie è invece raccolto in strutture più o meno dense, alcune molto concentrate, come gli ammassi di galassie particolarmente ricchi, altre invece molto più estese e allungate. Queste ultime, a seconda che si estendano lungo una o due dimensioni, prendono il nome di filamenti (filament) o muri (wall).

Nell'Universo locale, gli ammassi più ricchi di galassie, e quindi più massicci, sono, oltre a quello della Vergine, l'**Ammasso del Centauro**, l'**Ammasso del Regolo** (fortemente oscurato dalle polveri galattiche), l'**Ammasso del Perseo**, l'**Ammasso della Chioma di Berenice**, elencati in ordine di distanza da noi e comunque tutti compresi all'interno di un volume di circa 500 milioni di anni luce di diametro. L'Ammasso del Regolo (Norma, in latino) è al centro del cosiddetto **Grande Attrattore**, un massiccio ammasso di galassie che esercita una grande forza gravitazionale, tanto da indurre tutta la materia entro 150 milioni di anni luce a sperimentare un flusso di massa diretto proprio verso lo stesso Ammasso del Regolo. In pratica, stiamo tutti quanti cadendo verso il Grande Attrattore (da cui il nome, particolarmente esplicito)... ma per fortuna non ce ne stiamo accorgendo!

All'interno di questo stesso volume si sviluppano anche diversi muri di galassie, fra cui spiccano il **Muro della Chioma di Berenice** e il **Muro dello Scultore**. Tutti questi wall sono tipicamente costituiti da estese strisce di galassie – lunghe anche diverse centinaia di milioni di anni luce – poste quasi come ponti di collegamento fra le zone estremamente più dense rappresentate dagli ammassi e dai superammassi di galassie. I muri di galassie sono fra le strutture più estese che si conoscano. Il **Muro di Ercole-Corona Boreale**, noto anche come **Great Wall**, ovvero grande muraglia, ispirandosi a quella cinese, è la struttura in assoluto più grande che si conosca nell'Universo osservabile e si estende per quasi 10 miliardi di anni luce! Ma non tutti gli astrofisici sono sicuri che esista.

L'EREMO COSMICO

Le mappe ottenute dalle diverse campagne di osservazione e di misura delle distanze delle galassie mostrano con grande evidenza che i volumi di spazio compresi fra ammassi, muri e filamenti sono vuoti di enormi dimensioni, ossia zone in cui la popolazione di galassie è incredibilmente poco numerosa, quando non completamente assente. Questi vuoti (void, in inglese) hanno varie dimensioni, da circa 30 a circa 500 milioni di anni luce, ma sempre forma approssimativamente sferica. Osservazione, questa, che i modelli cosmologici che studiano la formazione delle strutture a grande scala devono assolutamente tenere presente.

Fra i vuoti, uno dei più famosi è il **Vuoto del Bovaro** (Bootes void, in inglese) o Grande Vuoto, scoperto nel 1981 in direzione della costellazione del Bovaro (Bootes, in latino). Nel corso degli anni all'interno di questo vuoto sono state scoperte solo alcune decine di galassie. La sua densità è pertanto notevolmente più bassa di quella delle zone che lo avvolgono, popolate da ben tre grandi superammassi di galassie: quello di Ercole, quello della Corona Boreale, e quello del Bovaro, appunto. Con un diametro di circa 300 milioni di anni luce, questo vuoto è uno dei più estesi fra quelli conosciuti, tanto che alcuni astrofisici lo definiscono un "supervuoto". Secondo l'astronomo statunitense Greg Aldering (1962), questo vuoto è così grande che "se la Via Lattea fosse stata al centro del Vuoto del Bovaro, non avremmo saputo che c'erano altre galassie fino agli anni Sessanta".

Ecco, per concludere il vostro (nostro) viaggio, portate la vostra astronave là, al centro di questo vuoto, lontani da ogni galassia, in un viaggio forse non mortale come quello verso il centro di un buco nero, ma altrettanto estremo, in questo eremo cosmico dove un solo segnale di saluto – o di SOS – può impiegare 10 milioni di anni prima di arrivare alla galassia più vicina. Per non parlare del fatto che per arrivare sulla Terra impiegherebbe oltre 700 milioni di anni. Là, al centro del Vuoto del Bovaro, siete davvero soli. Forse è giunto il momento di tornare a casa.

CONCLUSIONE

TORNANDO A CASA

Il nostro viaggio nell'Universo è giunto al termine. Abbiamo visitato i pianeti del Sistema Solare e i loro satelliti, pianeti nani, asteroidi e comete, il Sole e stelle di ogni tipo, un campione di pianeti extrasolari, buchi neri stellari e supermassicci, galassie e ammassi di galassie, persino gli enormi "vuoti" intergalattici, meravigliandoci dell'incredibile varietà di corpi celesti su cui ci siamo posati e della straordinaria molteplicità di fenomeni a cui abbiamo assistito.

Per fare i turisti del cosmo abbiamo percorso distanze inimmaginabili, passando dalla Luna, l'unico altro corpo dell'Universo su cui l'umanità abbia mai messo piede, a galassie e quasar distanti miliardi di anni luce, in un viaggio che non è quindi solo nello spazio, ma anche nel tempo. Perché la luce che vediamo in questo momento di un quasar lontano è partita miliardi di anni fa, quando ancora non esistevano né il Sole, né il suo sistema planetario, Terra compresa.

Ma possiamo veramente fare i viaggi che abbiamo descritto nelle pagine precedenti? Ci dispiace deludere i nostri lettori, ma la risposta è no, purtroppo. E non è negativa solo ora, perché magari ci mancano solo le tecnologie per poterli affrontare. No, la risposta sarà sempre negativa, perché esiste un limite fisico invalicabile, quello della velocità della luce.

Nessun corpo massiccio – come un'astronave, appunto – potrà mai raggiungere questa velocità, appannaggio solo di particelle prive di massa, come i fotoni, i quanti di luce.

Ovviamente in futuro potremo ipotizzare metodi di propulsione più efficaci di quelli attuali e progettare motori che adesso possono sembrarci fantascientifici; e ci sono già tante ricerche e anche qualche sperimentazione, in modo da poter raggiungere almeno le stelle più vicine, ma temiamo che viaggi a grandissime distanze saranno per sempre interdetti. Anche se, tecnicamente, invece che spostarci noi da un punto a un altro dello spazio, potremmo provare a "piegare" lo spazio, variandone la curvatura, per avvicinare due punti lontani fra loro (dopo tutto, la teoria della relatività generale non lo impedisce). Questo ci permetterebbe di percorrere distanze idealmente enormi in un tempo estremamente limitato. In pratica, ci muoveremmo (solo apparentemente!) a velocità superluminali, anche se, nella realtà, la nostra astronave continuerebbe a muoversi a velocità ammesse dalle leggi della fisica in uno spazio appositamente "incurvato" per agevolarci la tappa di trasferimento.

In effetti, qualcuno che ha davvero provato a teorizzare un motore a curvatura, citato in tanti libri e film di fantascienza, ma soprattutto nella serie televisiva *Star Trek*, esiste e ha anche fatto i conti... peccato che questi conti dimostrino che la quantità di energia necessaria per farlo funzionare sia così grande che forse non saremo mai in grado né di produrla né di immagazzinarla per poi poterla usare all'occorrenza.

Se poi, smentendo quanto abbiamo appena scritto, qualcuno riuscirà a trovare il modo per realizzare il viaggio che qui abbiamo fatto con la sola forza dell'immaginazione, si presenteranno comunque altri problemi. Le attrezzature da portarsi dietro, per esempio, o le tute, perché non saranno sufficienti solo quelle spaziali, ma serviranno anche quelle per scendere sulle superfici ed esplorare i vari mondi: vulcanici, ghiacciati, acidi, magnetici, perennemente agitati da tempeste. Tralasciando i passaggi ravvicinati con stelle, pulsar, sorgenti di raggi X e gamma, buchi neri piccoli e grandi, perché questi è davvero preferibile tenerseli a distanza. Ora, non è che i buchi neri debbano per forza deglutire qualunque cosa gli passi vicino. Se la vostra astronave non punta diretta verso l'orizzonte degli eventi e ha una velocità sufficiente, potete tranquillamente entrare in orbita attorno al buco nero e restare a godervi la vista anche per lungo tempo... ma occorre che il comandante della vostra astronave sia preparato ad affrontare eventuali perturbazioni sulla vostra rotta orbitale!

E poi: cibo e acqua? Non possiamo portarci una scorta che possa durare per un decennio (servirebbe comunque a poco, considerata la lunghezza di certi viaggi), ma non sappiamo nemmeno come e dove procurarceli nello spazio. L'acqua forse sì, in qualche maniera riusciremmo a estrarla, ma il cibo resterebbe comunque un problema invalicabile. A meno che non decidessimo di portarci dietro qualche pianta da coltivare nello spazio. E ancora, vogliamo parlare dell'ossigeno? È vero, potremmo pensare di produrlo direttamente nello spazio – qualche esperimento è già stato pensato al riguardo, per esempio su Marte – ma dovremmo necessariamente fermarci da qualche parte, per rifornirci e poi ripartire.

Infine un problema a cui difficilmente si pensa, quando si immaginano viaggi del genere: la frenata! Già, perché quando siete arrivati anche solo in prossimità della Luna, o di Marte, tanto per citare due mete "facili", non è che potete stare tranquilli: c'è da posarsi dolcemente sulla superficie, o anche solo entrare in orbita senza rischi. E la manovra per entrare in orbita attorno a un altro corpo o anche solo per cambiare semplicemente la traiettoria orbitale dell'astronave è tutt'altro che semplice, e sicuramente è molto diversa da come la mostrano certi film di fantascienza, con tanti effetti speciali spettacolari, ma con marchiani errori di fisica classica. Forse sarebbe più contento Einstein, per come sono descritti i "suoi" buchi neri, di Newton, alle prese con registi e sceneggiatori sicuramente più attenti ai dialoghi e alle espressioni di attrici e attori che al rispetto della legge di gravitazione universale. Sì, avete capito, stiamo pensando al film *Gravity*.

Ma proviamo a immaginare che tutti questi problemi siano stati risolti. Arriviamo su un esopianeta gemello della Terra e ci troviamo un'altra forma di vita intelligente. Umberto Eco una volta ironicamente si domandò quale fosse la prima di queste forme... e la domanda potrebbe avere le sue ragioni! Che cosa facciamo? Come ci comportiamo? Come comunichiamo?

Sono tutti temi che ricercatori di varie discipline stanno già studiando. Perché non si sa mai. Al nostro primo viaggio interstellare – anche se sarà fra mille anni – è sempre bene arrivare preparati. E noi speriamo che con questa lettura vi sia almeno venuta la curiosità di continuare a studiare e approfondire.

Chissà che non vi tocchi un posto in uno dei prossimi voli turistici spaziali.

Buona fortuna!

POST SCRIPTUM

L'avete sicuramente capito, ma è meglio non rischiare fraintendimenti. Solo il viaggio è totalmente frutto dell'immaginazione. Tutto il resto no: astrobus a parte, per intenderci, ogni altra informazione riportata nel testo è documentata e reperibile in pubblicazioni scientifiche.

Quindi, quando gli astrobus esisteranno davvero, potrete usare questo libro come una guida turistica dell'Universo. Conservatelo con cura, magari potrà tornare utile ai vostri pronipoti.

APPENDICE

GLOSSARIO

- A -

AGN Acronimo di "Active Galactic Nucleus", ovvero Nucleo Galattico Attivo. Si chiamano così i nuclei particolarmente brillanti di alcune galassie. L'intensa radiazione elettromagnetica emessa da questi nuclei non è di origine stellare, ma è dovuta a processi di accrescimento di materia attorno a un buco nero supermassiccio. Una galassia il cui nucleo (AGN) emette grandi quantità di radiazione è detta galassia attiva.

Alone Distribuzione sferica di stelle isolate molto vecchie, ammassi globulari, nubi di gas e materia oscura, centrata sul nucleo di una galassia. Gli astronomi lo distinguono in alone stellare, popolato da oggetti luminosi concentrati verso il centro della galassia, e alone oscuro, che si estende molto oltre i limiti visibili di una galassia.

Ammasso (di galassie) Gli ammassi di galassie sono aggregati più o meno estesi di galassie. La nostra Galassia è membro di un piccolo ammasso di galassie (poche decine) detto "Gruppo Locale", di cui fa parte anche la Galassia di Andromeda. L'ammasso di galassie più vicino è l'Ammasso della Vergine, che contiene diverse centinaia di galassie.

Ammasso (stellare) Gli ammassi stellari sono raggruppamenti di stelle raccolte in un volume limitato. Gli ammassi aperti (o galattici) contengono da diverse decine a qualche migliaio di stelle, generalmente giovani, e si trovano lungo i bracci delle galassie a spirale. Gli ammassi globulari raccolgono da qualche centinaio di migliaia a qualche milione di stelle molto vecchie e sono distribuiti nell'alone di tutte le galassie.

Annichilazione Mutua distruzione di una coppia particella-antiparticella con la creazione di raggi gamma o eventualmente di altre particelle ad altissima energia. L'annichilazione produce una totale conversione della massa delle particelle coinvolte in energia, secondo l'equivalenza $E=mc^2$.

Anno-luce La distanza percorsa dalla luce in un anno terrestre. Vale circa 9,5 milioni di milioni di chilometri.

Antimateria Materia composta da particella di massa identica a quelle di materia ordinaria, ma con altre caratteristiche fisiche opposte, come per esempio la carica elettrica o lo spin (momento angolare intrinseco). L'antimateria può essere prodotta in esperimenti di fisica atomica o delle particelle, ma si trova anche in natura, nei raggi cosmici e in altri fenomeni di alta energia.

Asteroide Corpo roccioso di dimensioni e massa ridotte che orbita attorno a una stella. Nel Sistema Solare, la maggior parte degli asteroidi ha orbite comprese fra quelle di Marte e Giove. Attualmente ne sono stati catalogati qualche migliaio, ma si pensa che ne esistano a decine di migliaia. Sono anche chiamati planetoidi o pianeti minori. Alcuni asteroidi sono doppi o dotati di satelliti.

- B -

Big Bang Secondo i modelli cosmologici standard, l'esplosione dalla quale ebbe origine il nostro Universo, circa 13,8 miliardi di anni fa, che si sta espandendo sotto quella spinta iniziale.

Buco nero Una massa gravitazionalmente collassata la cui velocità di fuga è superiore a quella della luce, ovvero nemmeno la luce riesce a sfuggire dal suo intenso campo gravitazionale (ragione per cui è detto nero). Un buco nero è rappresentato da una singolarità spaziale di densità infinita circondata da un orizzonte degli eventi, il limite estremo a cui può arrivare l'osservazione. Oltre l'orizzonte degli eventi non è possibile sapere cosa accade né alla materia né alla radiazione.

Buco nero massiccio Buco nero di massa pari a diversi ordini di grandezza superiori quella del Sole, utilizzato nei modelli teorici dei nuclei galattici attivi, secondo cui la sorgente di energia è dovuta al moto di caduta e al conseguente riscaldamento di materia (gas e stelle) su un buco nero massiccio o supermassiccio.

Buco nero, mini Un buco nero di massa piccolissima che può essersi formato nei primi istanti di vita dell'Universo.

Bulbo Il rigonfiamento interno delle galassie a spirale, noto come "bulge", che ne contiene il nucleo. Il bulbo di una galassia a spirale è densamente popolato di stelle molto vecchie, dello stesso tipo ed età di quelle che popolano l'alone galattico (Popolazione II).

- C -

Chandrasekhar, limite di Limite superiore, pari a circa 1,4 masse solari, perché la massa di un oggetto possa resistere al collasso gravitazionale grazie alla pressione del gas degenere degli elettroni. È questa la massa più elevata raggiungibile da una nana bianca. Prende il nome dall'astrofisico indiano di origine pakistana Subrahmanyan Chandrasekhar (1910-1995).

Ciclo solare Il periodo, della durata di 11 anni, che intercorre fra due massimi (o minimi) dell'attività solare. In realtà, poiché ogni 11 anni il campo magnetico solare inverte la propria polarità, la durata di un ciclo solare completo è di 22 anni.

Collasso gravitazionale Improvvisa e repentina contrazione di una stella quando la pressione di radiazione e la pressione del gas caldo, che spingono verso l'esterno, non sono più sufficienti a bilanciare la spinta verso l'interno generata dalla gravitazione.

Cometa Corpo minore del Sistema Solare, instabile e poco compatto, composto prevalentemente da ghiaccio d'acqua, particelle solide e gas molecolari. La maggior parte delle comete si muove su orbite fortemente ellittiche o addirittura iperboliche. Le comete che percorrono orbite chiuse (ellittiche) sono una frazione minore di tutte le comete conosciute. A ogni passaggio al perielio, le comete si consumano perdendo parte della loro massa. La loro vita è stimata attorno al centinaio di passaggi al perielio.

Cratere Depressioni circolari di varia estensione osservabili sulle superfici di molti corpi con crosta solida, come i pianeti terrestri, la Luna, molti satelliti dei pianeti giganti, la Terra stessa. Alcuni crateri hanno origine endogena al corpo stesso, ovvero sono originati da attività vulcanica, altri, la maggior parte, hanno origine da impatto, ovvero sono conseguenza della caduta di altri corpi solidi provenienti dallo spazio interplanetario, come asteroidi o comete (origine esogena).

- D -

Degenerazione Stato della materia che si verifica quando le particelle sono compattate fino al massimo grado fisicamente possibile, raggiungendo densità elevatissime, confrontabili con quelle del nucleo atomico. In questo stato, il comportamento della materia si allontana molto da quello della materia ordinaria.

Disco Riferito a una galassia a spirale, la regione che occupa il suo piano principale, distinta dall'alone, la regione sferica che lo avvolge, e dal bulbo (bulge), il rigonfiamento centrale del disco, al cui centro si trova il nucleo della galassia. È sul disco galattico che si stendono i bracci di spirale e si concentra la grande maggioranza delle stelle e del gas di una galassia a spirale.

Disco di accrescimento Anello di materia, detto anche disco di accrezione, che avvolge una stella o un altro oggetto celeste (come un buco nero), da cui cade materia con moto a spirale verso l'oggetto centrale. L'energia gravitazionale rilasciata dalla materia in caduta può causare l'emissione di radiazione elettromagnetica anche molto energetica, fino ai raggi X.

Doppler, effetto Variazione della frequenza (o equivalentemente della lunghezza d'onda) delle onde dovuta al moto relativo della sorgente rispetto all'osservatore. La frequenza diminuisce quando la sorgente si allontana dall'osservatore (la lunghezza d'onda aumenta); aumenta nel caso contrario. Prende il nome dal fisico austriaco Christian Johann Doppler (1803-1854).

Doppler, spostamento In astronomia, lo spostamento delle lunghezze d'onda dello spettro di una sorgente luminosa dovuto al suo moto rispetto all'osservatore. L'osservazione dello spostamento Doppler delle righe spettrali di una stella o del mezzo interstellare permette di calcolarne la velocità radiale, ovvero di valutare l'entità del suo moto lungo la linea di vista. La misura dello spostamento si realizza confrontando lo spettro della sorgente con uno spettro di laboratorio contenente le stesse righe, generato da una sorgente in quiete. Lo spostamento verso il rosso delle righe spettrali delle galassie lontane non è dovuto all'effetto Doppler, ma è un effetto squisitamente cosmologico.

- E -

Eccentricità La misura dell'ellitticità di un'orbita. Vale 0 per orbite perfettamente circolari, è compresa fra 0 e 1 per orbite ellittiche (più l'eccentricità si avvicina a 1, più allungata è l'orbita), vale 1 per orbite paraboliche (aperte), è maggiore di 1 per orbite iperboliche (aperte). Le orbite dei pianeti sono a bassa eccentricità. L'eccentricità è uno degli elementi orbitali, ovvero dei parametri che definiscono completamente la forma di un'orbita e la sua posizione nello spazio.

Eclisse Occultazione di un corpo celeste da parte di un altro che si frappone fra il corpo e l'osservatore. In particolare, le eclissi solari sono causate dal passaggio della Luna davanti al Sole rispetto alla Terra, mentre le eclissi di Luna sono causate dal frapporsi della Terra fra il Sole e la Luna. Le eclissi di Luna possono essere totali (Luna completamente immersa nell'ombra della Terra), parziali (Luna parzialmente immersa nell'ombra della Terra al massimo dell'eclisse), penombrali (Luna passante solo per la penombra della Terra). Le eclissi di Sole possono essere totali (osservatore nell'ombra della Luna), parziali (osservatore in penombra) e anulari. In particolare, nelle eclissi anulari il disco solare non è completamente occultato dal disco lunare, restando così visibile una corona circolare (anello) di fotosfera al massimo dell'eclisse. Le eclissi anulari si verificano quando il diametro apparente della Luna è minore di quello apparente del Sole.

- F -

Fissione In fisica nucleare, la separazione del nucleo atomico di un elemento pesante in due o più elementi più leggeri, generalmente seguita da emissione di energia sotto forma di raggi gamma o particelle più leggere.

Formazione stellare Processo che porta alla nascita di una stella, causato dalla contrazione gravitazionale di una nube fredda e densa di materia interstellare che porta al riscaldamento del gas e al successivo innesco delle reazioni termonucleari al suo interno.

Fotone La particella (quanto) mediatrice del campo elettromagnetico. Privo di massa, viaggia alla velocità della luce. Rappresenta anche la descrizione corpuscolare del campo elettromagnetico.

Fusione In fisica nucleare, la combinazione di due o più nuclei di elementi leggeri per dare origine al nucleo di un elemento più pesante. È seguita da intensa emissione di energia se vengono fusi elementi più leggeri del ferro, altrimenti occorre fornire energia perché il processo avvenga.

- G -

Galassia (generica) Esteso sistema aggregato di oggetti celesti tenuti assieme dalla reciproca forza di gravità. Una galassia comprende da qualche milione a migliaia di miliardi di stelle, più una massa variabile di gas e polveri interstellari. Le galassie sono essenzialmente di tre tipi: ellittiche, a spirale, irregolari. Le galassie lenticolari rappresentano l'anello di raccordo fra quelle ellittiche e quelle a spirale. Le galassie possono anche essere classificate non in base alla loro morfologia, ma anche in base ad altri fattori, come per esempio la radiazione dominante da esse emessa. Così, una radiogalassia è una galassia che ha un'intensa emissione nel campo delle onde radio. Le galassie hanno la tendenza ad aggregarsi in sistemi ancora più vasti, gli ammassi e i superammassi di galassie. La nostra galassia, essendo la galassia per antonomasia, prende il nome proprio di Galassia.

Galassia (Via Lattea) Sistema galattico contenente almeno 100 miliardi di stelle, di cui il Sole è una di queste. È una galassia a spirale normale, con un diametro di circa 100.000 anni-luce. Circa il 10% della sua massa complessiva non si trova concentrato in stelle, ma in gas e polveri interstellari (mezzo interstellare).

Galleria di tarlo Un ponte verso un altro Universo creato da un buco nero. Soluzioni previste dalla teoria della relatività generale, sono delle regioni spaziali a forma di tubo (da cui il nome fantasioso, traduzione dell'inglese "wormhole") che possono connettere due universi completamente separati o due regioni spazialmente separate e distanti dello stesso Universo. Viene anche chiamata cunicolo spazio-temporale.

Gas degenere Gas in cui la pressione dipende soltanto dalla densità ed è indipendente dalla temperatura. In astronomia, per esempio, sono in condizioni di gas degenere gli elettroni di una nana bianca e i neutroni di una stella di neutroni.

Gas interstellare Gas freddo diffuso negli spazi interstellari, principalmente composto da idrogeno. Il gas interstellare interagisce poco con la radiazione e solo con quella a specifiche lunghezze d'onda, ma è accoppiato alla polvere interstellare a causa delle collisioni.

Gruppo Locale L'insieme gravitazionalmente legato di galassie cui appartiene anche la nostra Galassia che, assieme alla Galassia di Andromeda, è uno dei membri principali dell'ammasso. Il Gruppo Locale è un ammasso di galassie povero di forma irregolare, che si trova alla periferia dell'Ammasso di galassie della Vergine.

- I -

Intergalattico, gas Materia distribuita nelle regioni di spazio fra galassia e galassia. Gas intergalattico ad altissima temperatura è stato osservato nei raggi X in grandi ammassi di galassie, mentre in altri ammassi, come il nostro Gruppo Locale, potrebbe essere presente sotto forma di nubi di idrogeno atomico.

- K -

Kuiper, fascia di Regione esterna del Sistema Solare dove sono raccolte miriadi di frammenti planetesimali, asteroidi e nuclei di comete di varie dimensioni, anche confrontabili con le dimensioni degli asteroidi della fascia principale. Le orbite degli oggetti appartenenti alla fascia di Kuiper giacciono praticamente sull'eclittica.

È un largo anello che si estende oltre l'orbita di Nettuno e rappresenta un'estensione interna e appiattita della nube di Oort. La fascia di Kuiper è la zona da cui proviene la maggior parte delle comete periodiche. Gli oggetti della fascia di Kuiper rientrano nella categoria degli oggetti trans-nettuniani, alla quale appartengono anche tutti gli oggetti in risonanza orbitale con il pianeta Nettuno. In particolare, i corpi trans-nettuniani che compiono due rivoluzioni attorno al Sole nel tempo in cui Nettuno ne compie tre (risonanza orbitale 3:2) vengono chiamati plutini, perché anche Plutone è in risonanza 3:2 con Nettuno. Prende il nome dall'astronomo olandese Gerard Peter Kuiper (1905-1973).

- L -

Lente gravitazionale Galassia o ammasso di galassie che deflette la radiazione proveniente da sorgenti lontane situate approssimativamente lungo la stessa linea di vista. Le lenti gravitazionali possono distorcere, focalizzare, separare i fasci di luce esattamente alla stessa maniera delle normali lenti ottiche. L'entità della deflessione dipende dalla massa deflettente, come deducibile dalla teoria della relatività generale, secondo cui anche i fotoni, seppure privi di massa, vengono deviati dal loro cammino dalla presenza di una massa che incurva lo spazio-tempo.

Luminosità intrinseca La quantità di radiazione luminosa effettivamente emessa da una sorgente, distinta da quella che noi osserviamo da Terra (luminosità apparente). Una stella ad alta luminosità intrinseca può infatti avere una bassa luminosità apparente a causa della sua distanza da noi. Rappresenta fisicamente la potenza della sorgente, ovvero l'energia che essa emette per unità di tempo.

- M -

Macchia solare Zona comparativamente scura (perché a temperatura leggermente inferiore) della fotosfera solare, costituisce il centro di attività di intensi campi elettrostatici e magnetici. In particolare, le macchie solari che giacciono su un livello leggermente inferiore rispetto a quello fotosferico, sono sempre accoppiate: una è a polarità magnetica positiva, l'altra negativa. Le macchie solari si manifestano con un ciclo periodico di 11 anni (ciclo di attività solare), durante il quale migrano dalle alte latitudini solari verso l'equatore solare. Una macchia solare tipica ha una durata di qualche giorno.

Marea Variazione del livello del mare dovuta al movimento di innalzamento e abbassamento della massa fluida per l'azione gravitazionale combinata del Sole e della Luna. L'oscillazione principale è dovuta al movimento della Luna, meno massiccia, ma molto più vicina del Sole. In termini più generali, le maree sono fenomeni che si verificano sempre nel caso in cui un corpo esteso si muova nel campo gravitazionale di un altro corpo. La parte del primo più vicina a questo risente di una forza di attrazione gravitazionale maggiore della parte più lontana. Fra le due estremità opposte del primo corpo lungo la direzione del secondo si ha quindi una forza gravitazionale differenziale netta, che fa "allungare" il primo corpo su questa stessa direzione. Nel caso in cui le forze di coesione di questo siano inferiori alle forze mareali, il corpo viene frantumato. Questo è ciò che avviene quando un corpo oltrepassa il limite di Roche del corpo attorno al quale orbita. Le forze di marea dipendono dalla massa del corpo che genera la marea sull'altro e dalla reciproca distanza dei due corpi. Naturalmente, le maree sono reciproche, nel senso che ciascuno dei due corpi agisce con forze mareali sull'altro e viceversa.

Materia interstellare Materia distribuita nello spazio fra le stelle, principalmente composta da gas (99%) e polvere interstellare (1%). Ha temperature e densità medie molto basse. Nella materia interstellare sono compresi i raggi cosmici. Viene talvolta chiamata mezzo interstellare.

Materia oscura Materia non luminosa che rivela la sua presenza solo in maniera indiretta, attraverso l'influenza gravitazionale che essa genera sulla materia luminosa. Si ipotizza che sia composta solo in minima parte da materia ordinaria, come nane brune, pianeti o polvere interstellare. La percentuale maggiore è composta da particelle esotiche.

- N -

Nana bianca Oggetto stellare compatto, ad alta densità. È lo stadio finale di una stella di piccola massa che ha terminato il suo combustibile nucleare. Il collasso gravitazionale viene impedito dalla pressione di degenerazione degli elettroni.

Nebulosa Nube di gas e polveri interstellari di forma irregolare, generalmente illuminata dalle stelle poste nelle sue immediate vicinanze. Il suo spettro può contenere righe di emissione (nebulosa a emissione) o le stesse righe di assorbimento delle stelle illuminanti, rivelando il fatto che la nebulosa riflette semplicemente la loro luce (nebulosa a riflessione). Un particolare tipo di nebulose diffuse sono le nebulose oscure, regioni non luminose osservabili per contrasto con sfondi brillanti. Storicamente, prima che venisse riconosciuta la loro esatta natura di oggetti extragalattici, le galassie a spirale venivano chiamate "nebulose a spirale".

Nebulosa planetaria Bolla di gas ionizzato ed estremamente rarefatto che avvolge una nana bianca calda. Emette radiazione per fluorescenza, ovvero attraverso l'assorbimento di radiazione ultravioletta proveniente dalla stella e la successiva riemissione nel visibile. La nebulosa planetaria ha origine dall'espulsione degli strati più esterni di una stella nella sua fase di gigante rossa. Questo tipo di nebulosa si chiama planetaria perché all'osservazione telescopica può apparire come un piccolo dischetto planetario, ma non ha niente a che vedere con i pianeti.

Nova Tipo di variabile cataclismica in cui si manifesta un improvviso e intenso aumento di luminosità. Le novae sono sempre binarie interagenti, composte tipicamente da una stella secondaria di sequenza principale e da una primaria nana bianca. Dalla secondaria si ha trasferimento di materia (tipicamente gas di idrogeno), attraverso un disco di accrescimento, sulla superficie della nana bianca. La zona di impatto superficiale della nana bianca può a volte raggiungere temperature sufficienti a innescare reazioni termonucleari di fusioni dell'idrogeno in elio, il cui rilascio di energia è responsabile del temporaneo (e talvolta ricorrente) aumento di luminosità del sistema. In queste esplosioni, la nana bianca perde parte dei suoi strati superficiali.

- O -

Occultazione Passaggio di un corpo celeste davanti a un altro corpo celeste, che risulta temporaneamente nascosto alla vista dell'osservatore. In senso stretto, le eclissi sono esempi di occultazioni.

Ombra Diminuzione di luminosità dovuta all'interposizione, tra la sorgente di luce e una superficie illuminata, di un corpo totalmente o parzialmente non trasparente. Se la sorgente è puntiforme, l'ombra di un oggetto è la proiezione dell'oggetto stesso sulla superficie illuminata. Se la sorgente non è puntiforme, si forma una zona detta di penombra, costituita dai punti illuminati solo da una parte della sorgente stessa.

Onda gravitazionale Disturbo temporaneo nella struttura del tessuto spazio-temporale dovuto a modifiche nella distribuzione spaziale delle masse. È il modo in cui si propaga la radiazione gravitazionale. Previste dalla teoria della relatività generale nel 1915, le onde gravitazionali sono state rilevate in maniera diretta solo un secolo dopo, nel 2015.

Oort, nube di Regione approssimativamente sferica del Sistema Solare, che si trova all'estrema periferia di questo (attorno a 100.000 Unità Astronomiche dal Sole), ritenuta come la zona da cui proviene la maggior parte delle comete. Prende il nome dall'astronomo olandese Jan Hendrik Oort (1900-1992).

- P -

Pianeta Oggetto orbitante attorno a una stella che, a differenza di questa, non produce energia tramite fusione nucleare. Per definirsi pianeta, un corpo deve avere una massa sufficiente a conferirgli una forma sferoidale, e avere la propria fascia orbitale libera da altri corpi di dimensioni comparabili o superiori. In mancanza di questa seconda condizione, l'oggetto, anche se sferoidale, è definito pianeta nano.

Polvere interstellare Piccoli grani o particelle di materia solida di dimensioni variabile che si trovano nel mezzo interstellare. Composti principalmente da silicati, assorbono, diffondono e polarizzano la luce visibile di lunghezze d'onda comparabili alle loro dimensioni. La presenza della polvere interstellare causa la diminuzione e l'arrossamento della radiazione che la attraversa.

Popolazione stellare Vasto insieme di stelle di tutti i tipi appartenenti a una galassia, aventi caratteristiche simili per età, distribuzione spaziale, cinematica e metallicità. Gli astrofisici distinguono le stelle in due popolazioni, dette Popolazione I (più giovane) e Popolazione II (più vecchia), ipotizzando l'esistenza di una terza, detta Popolazione III, ancora più vecchia.

Protuberanza Massa di idrogeno ad alta temperatura che si solleva dalla cromosfera solare. Le protuberanze possono essere eruttive, molto violente e improvvise, o quiescenti, a minore energia ma di maggiore durata.

Pulsar Termine, derivante dalla contrazione di "pulsating radio source" (radiosorgente pulsante), che indica una classe di corpi celesti in rotazione rapida caratterizzati dall'emissione di onde radio. Le pulsar sono stelle di neutroni, risultanti dal collasso gravitazionale di stelle esplose come supernove.

- Q -

Quasar Sorgente extragalattica di estrema luminosità di apparenza puntiforme (stellare). La maggior parte dei quasar ha spettri fortemente spostati verso il rosso, e si trova quindi a distanze cosmologiche. Appartengono alla categoria dei nuclei galattici attivi (AGN), il cui motore centrale è un buco nero supermassiccio. Il termine quasar deriva dalla contrazione dell'espressione inglese "quasi-stellar radio source", radiosorgente (di apparenza) quasi stellare. Adesso si preferisce l'espressione "Quasi-Stellar Object" (QSO), ovvero oggetto quasi stellare, perché esistono anche oggetti radioquieti.

- R -

Raggi cosmici Particelle subatomiche ad alta energia (principalmente protoni) che viaggiano velocissime nello spazio, penetrando nell'atmosfera terrestre.

Roche, limite di Minima distanza dal centro di un pianeta alla quale può orbitare un corpo autogravitante (ovvero sotto l'effetto della sua stessa gravità, come un satellite di grandi dimensioni) senza essere distrutto dalle forze mareali del pianeta stesso. Dipende dalle caratteristiche fisiche (dimensioni, densità ecc.) del satellite e del pianeta attorno a cui orbita. Il materiale che costituisce gli anelli di Saturno non può aggregarsi per formare un satellite di grandi dimensioni perché orbita all'interno del limite di Roche del pianeta. Prende il nome dal matematico francese Édouard Albert Roche (1820-1883).

- S -

Satellite Un qualunque corpo orbitante attorno a un pianeta. Per distinguere i satelliti artificiali da quelli naturali, alcuni astronomi preferiscono usare il termine lune per i secondi, essendo la Luna l'unico satellite naturale della Terra.

Schwarzschild, raggio di L'orizzonte degli eventi di un buco nero, ovvero il raggio critico entro il quale anche la luce è intrappolata per sempre dall'intensa forza gravitazionale. Il raggio di Schwarzschild è direttamente proporzionale alla massa del buco nero. Prende il nome dall'astronomo tedesco Karl Schwarzschild (1873-1916).

Singolarità Punto anomalo dello spaziotempo in cui la curvatura e altre quantità fisiche assumono valore infinito. Nelle singolarità non valgono più le leggi della fisica. I fisici teorici sperano di eliminare le singolarità matematiche dalle soluzioni delle leggi fisiche con una descrizione quantistica dell'interazione gravitazionale. Esempi di singolarità dello spazio-tempo sono i buchi (densità infinita) e l'istante del Big Bang (densità, pressione e temperatura infinite).

Sistema binario Un sistema gravitazionalmente legato di due stelle orbitanti attorno a un comune centro di massa. Si chiamano binarie visuali i sistemi di cui è possibile risolvere al telescopio le componenti e osservarne il moto orbitale. Binarie astrometriche sono le stelle la cui natura duale è dedotta dalle oscillazioni osservate nel loro moto proprio; binarie spettroscopiche sono le stelle la cui natura duale è dedotta dalle variazioni presenti nelle velocità radiali. Almeno la metà delle stelle presenti nelle vicinanze del Sole appartiene a un sistema doppio o multiplo. Vengono anche chiamati stelle doppie.

Sistema multiplo Un sistema legato, costituito da più di due stelle orbitanti attorno a un comune centro di massa, che interagiscono tra loro attraverso la reciproca forza di attrazione gravitazionale.

Spettro Immagine o rappresentazione grafica (diagramma) dell'intensità della radiazione elettromagnetica di una sorgente in funzione della lunghezza d'onda o della frequenza. Più in generale, in fisica si usa il termine spettro per indicare il diagramma relativo a qualsiasi tipo di radiazione (corpuscolare, elettromagnetica o acustica), che dia la distribuzione di una grandezza in relazione a un'altra grandezza.

Stella Corpo celeste che produce energia al suo interno per mezzo di processi di fusione nucleare. Tutti gli oggetti con massa superiore all'8% della massa solare (pari circa a 80 masse gioviane) diventano stelle. Un corpo con massa al di sotto di questa soglia può per un certo tempo, attraverso il processo di contrazione gravitazionale, riscaldarsi ed emettere radiazione, senza però riuscire a innescare le reazioni nucleari: prende quindi il nome di nana bruna. Con masse ancora minori, si parla di pianeti.

Stella degenere Stella collassata ad altissima densità in cui la resistenza a un ulteriore collasso gravitazionale è attuata dalla pressione di degenerazione. In particolare, nelle nane bianche questa è causata dalla degenerazione degli elettroni (gas degenere di elettroni), mentre nelle stelle di neutroni è appunto la pressione del gas degenere di neutroni a resistere alla forza di gravità. Materia degenere si trova anche nelle nane brune, nei nuclei dei pianeti giganti e nei nuclei di stelle in particolari fasi del loro percorso evolutivo.

Stella di neutroni Oggetto stellare estremamente compatto, con densità elevatissime. È uno dei possibili risultati dell'esplosione di una supernova. Il collasso gravitazionale viene impedito dalla pressione di degenerazione dei neutroni, di cui la stella è quasi interamente composta (ottenuti dalla fusione di protoni ed elettroni, con conseguente emissione di neutrini elettronici). Le pulsar sono stelle di neutroni con intenso campo magnetico e ad alta velocità di rotazione.

Supernova Stella che esplode in maniera violenta e improvvisa, aumentando la propria luminosità di diversi ordini di grandezza. La maggior parte della materia che costituiva la stella viene soffiata via dall'esplosione a velocità elevata, andando a costituire una nebulosa che prende il nome di resto di supernova. Al centro resta, almeno in alcuni casi, un nucleo stellare estremamente denso sotto forma di stella di neutroni. Dopo il picco raggiunto al momento dell'esplosione, la luminosità della stella decade nel tempo con un andamento caratteristico.

Supernova, resto di Il guscio di materia in espansione espulso a grande velocità da un'esplosione di supernova, osservato come una nebulosa gassosa diffusa, spesso con una struttura a guscio. I resti di supernova, noti anche con l'acronimo SNR (dall'inglese "supernova remnant"), sono in genere intense radiosorgenti, traendo la loro energia (almeno in alcuni casi) dalla conversione dell'energia rotazionale della stella di neutroni centrale in un flusso di particelle ad alta energia continuamente accelerate e immesse nella nube stessa.

- T -

Temperatura efficace La temperatura efficace di un corpo come una stella o un pianeta è la temperatura di un corpo nero che emetterebbe la stessa quantità totale di radiazione elettromagnetica (in fisica, un corpo nero è un corpo ideale che assorbe tutta la radiazione e la riemette con uno spettro tipico che dipende solo dalla sua temperatura). La temperatura efficace è spesso usata come stima della temperatura superficiale di un corpo.

Transito Il passaggio di un oggetto astronomico di piccolo diametro apparente davanti a un altro oggetto di grande diametro apparente, tipicamente riferito ai corpi del Sistema Solare. Mercurio e Venere possono transitare sul disco solare, i satelliti di Giove transitano periodicamente sul disco del pianeta.

- U -

Unità astronomica La distanza media (in simbolo U.A.) fra la Terra e il Sole, pari a 149.598.500 km. È l'unità di misura preferibilmente impiegata per le distanze all'interno del Sistema Solare: Mercurio, il pianeta più interno, dista in media 0,4 U.A., mentre Nettuno, il pianeta che orbita più lontano, si trova in media a 30 U.A. dal Sole.

Universo L'insieme dello spazio-tempo e di tutta l'energia in esso contenuta, sia sotto forma di radiazione di vario tipo che di materia. L'Universo è quindi costituito da tutto l'insieme di stelle e pianeti, riuniti in galassie, a loro volta riunite in ammassi di galassie, assieme alla materia interstellare, intergalattica e a tutta la radiazione elettromagnetica (e non elettromagnetica) che lo permea. La cosmologia è la scienza che ne studia l'origine, la struttura e l'evoluzione.

- V -

Variabile, stella Una qualunque stella la cui luminosità vari nel tempo, in maniera periodica o no. Una stella può essere variabile per diversi motivi, che portano a una loro classificazione. In particolare, alcune stelle sono variabili perché appartengono a sistemi binari in cui una componente eclissa periodicamente l'altra (variabili a eclisse o binarie a eclisse), mentre altre stelle sono intrinsecamente variabili, ovvero la loro luminosità varia per motivi intrinseci alla stella.

Velocità della luce Velocità di un'onda elettromagnetica nel vuoto. È per definizione pari a 299.792.458 m/s. Tutte le particelle prive di massa (come il fotone) si muovono alla velocità della luce.

Velocità di fuga La velocità minima necessaria a un corpo per fuggire definitivamente dal campo gravitazionale di un altro corpo, dipendente dalla massa di questo e dalla loro distanza. La velocità di fuga dalla superficie della Terra vale 11,2 km/s, per la Luna 2,4 km/s, per il Sole 617,7 km/s.

Vento solare Flusso di particelle cariche uscente dalla corona solare ad alta velocità. Le aurore polari nell'atmosfera terrestre sono uno dei molti effetti dovuti al vento solare.

Vento stellare Flusso di materia uscente dalla superficie di una stella. Il vento stellare emesso dal Sole prende il nome di vento solare. I venti stellari sono di grande importanza sia nelle fasi iniziali di una stella che nelle fasi di gigante e supergigante. Il vento stellare è uno dei processi con cui una stella può perdere parte della massa nel corso della sua evoluzione.

Via Lattea Striscia che attraversa il cielo notturno, prodotta dalla luce della miriade di stelle e nebulose distribuite sul piano del disco della nostra Galassia.

BIBLIOGRAFIA

LE FONTI... E UN PAIO DI RINGRAZIAMENTI

Se siete arrivati a leggere fino alla bibliografia, vuol dire che un risultato l'abbiamo ottenuto: incuriosirvi e farvi venire la voglia di continuare da soli a studiare e approfondire gli argomenti che in queste pagine, un po' per lo spazio a disposizione, un po' per il genere divulgativo del libro, abbiamo potuto solamente sfiorare. O forse siete interessati non solo alle fonti non propriamente scientifiche, ma anche a quelle storiche e, perché no, quelle letterarie, sulle quali abbiamo talvolta divagato. Allora ci è venuta in mente un'idea, che in linea generale potrebbe sembrare strana, ma non così strana per questo volume: quella di creare una bibliografia "mista", dove le fonti scientifiche si fondono con quelle umanistiche, in una sorta di recupero dell'idea di un sapere unico, inscindibile, omnicomprensivo, come quello a cui si riferiva lo scrittore e saggista britannico Charles Percy Snow nel suo celebre saggio *Le due culture* (pubblicato per la prima volta nel 1959), nel quale denunciava appunto la separazione fra il sapere scientifico e quello umanistico.

In questo elenco di titoli troverete quindi non solo libri che parlano di astronomia, ma anche qualche libro di fantascienza, o di tutt'altro argomento, come *Le due culture,* per esempio. Dopo tutto, anche questo è un libro di confine, sempre a cavallo fra scienza e immaginazione.

È però importante che sappiate che questa bibliografia, per quanto rappresentativa, è comunque un sottoinsieme della vasta mole di fonti consultate per scrivere questo testo, frutto non solo di letture di molti libri, articoli divulgativi e articoli originali (su supporti cartacei e digitali, sotto forma di ebook o pagine web), ma anche – l'avrete capito, leggendo queste pagine – di visioni di film e serie televisive, di ascolto di brani musicali, di conversazioni più o meno dotte in famiglia – e colgo qui l'occasione per ringraziare mia moglie e i miei figli, per la loro pazienza e il loro costante supporto – o con qualche amico appassionato di astronomia, che pure ringrazio.

Ma, rielaborando a modo nostro la consueta formula che gli autori scrivono in calce ai ringraziamenti, se questo libro vi è piaciuto, è merito di tutte le fonti dalle quali abbiamo attinto, se non vi è piaciuto, è solo per colpa nostra.

Confidiamo nella vostra clemenza.

Adams D., *Guida galattica per gli autostoppisti. Il ciclo completo,* Mondadori, Milano, 2016

Antonucci E., *Dentro il sole*, Il Mulino, Bologna, 2014

Asimov I., *Fondazione. Il ciclo completo*, Mondadori, Milano, 2020

Asimov I., Silverberg R., *Notturno*, Bompiani, Milano, 2001

Bradbury R., *Cronache marziane*, Mondadori, Milano, 2020

Chambers J., Mitton J., *Dalla polvere alla vita*, Hoepli, Milano, 2016

Cimatti A., *L'universo oscuro*, Carocci, Roma, 2020

Eco U., *Il pendolo di Foucault,* La nave di Teseo, Milano, 2018

Galilei G., *Opere* (2 volumi), UTET, Torino, 2009

Gleick J., *Caos. La nascita di una nuova scienza*, Rizzoli, Milano, 2018

Gott J.R., *La ragnatela cosmica*, Bollati Boringhieri, Torino, 2019

Green L., *Viaggio al centro del Sole,* Il Saggiatore, Milano, 2018

Gribbin J., Gribbin M., *Oltre la Via Lattea*, Dedalo, Bari, 2019

Hoskin M. (a cura di), *Storia dell'astronomia*, Rizzoli, Milano, 2017

Jayawardhana R., *Strani mondi*, Codice, Torino, 2015

Malvaldi M., Marmi S., *Caos*, Il Mulino, Bologna, 2019

Mammarella N., *Nella mente dell'astronauta*, Carocci, Roma, 2020

Marconi A., *I buchi neri*, Il Mulino, Bologna, 2019

Márquez G.G., *Cronaca di una morte annunciata,* Einaudi, Torino, 2017

Martin G.R.R., *Il trono di spade. Un gioco di troni*, Mondadori, Milano, 2019

Murdin P., *La vita segreta dei pianeti*, Corbaccio, Milano, 2019

Pitoni R., *Storia della fisica*, STEN, Torino, 1911

Ridpath I., Tirion W., *Stelle e pianeti*, Editori Riuniti, Roma, 2020

Rigutti M., *Storia dell'astronomia occidentale*, Giunti, Firenze, 1999

Ryan C., *Il giorno più lungo*, Rizzoli, Milano, 2016

Sagan C., *Contact*, Bompiani, Milano, 1988

Sagan C., *Pale Blue Dot*, Random House, New York (USA), 1994 (in inglese)

Snow C.P., *Le due culture*, Marsilio, Venezia, 2005

Sobel D., *Pianeti*, Rizzoli, Milano, 2005

Swift J., *I viaggi di Gulliver*, Feltrinelli, Milano, 2014

Tinetti G., *I pianeti extrasolari*, Il Mulino, Bologna, 2019

Tolkien, J.R.R., *Il Signore degli anelli*, Bompiani, Milano, 2020

Trefil J., *Atlante dello spazio*, White Star, Novara, 2018

Verdet J.-P., *Storia dell'astronomia*, Longanesi, Milano, 1995

Verne J., *Dalla Terra alla Luna*, Rizzoli, Milano, 2018

Vonnegut K., *Ghiaccio-nove*, Feltrinelli, Milano, 2013

Weir A., *L'uomo di Marte,* Newton Compton, Roma, 2014

Wells H.G., *La guerra dei mondi*, Minimum Fax, Roma, 2016

INDICE ANALITICO

In *corsivo* vengono indicati i nomi di missioni, sonde o navicelle spaziali.

- C -

- D -

- E -

- F -

- G -

- N -

- O -

- P -

- Q -

- R -

- S -

- T -

- U -

- V -

- W -

- X -

- Z -

Emiliano Ricci, fiorentino, è laureato in fisica con orientamento astrofisico e dottore di ricerca in Telematica e Società dell'Informazione con uno studio sul cambiamento del giornalismo scientifico all'epoca dei nuovi media. Attualmente è responsabile della comunicazione web della Regione Toscana e professore a contratto di Media digitali presso l'Università di Firenze.
Come giornalista scientifico ha collaborato con quotidiani, mensili e riviste di settore astronomico, come "L'Astronomia" e "Le Stelle". Oggi firma i suoi articoli con "Le Scienze" e "Focus".
Oltre ad avere partecipato alla realizzazione di enciclopedie e di opere a fascicoli dedicate all'astronomia, ha al suo attivo numerose pubblicazioni di carattere divulgativo sia di fisica che di astronomia, fra cui ricordiamo *Osservare il cielo* (Giunti 2009), *I viaggi dell'Orsa Maggiore* (Scienza Express 2011), *Sex and the Physics* (con Monica Marelli, Rizzoli 2011), *La fisica fuori casa* (Giunti 2013), *I grandi misteri dell'Universo* (Sprea 2017), *La fisica in casa* (Giunti 2020), *Atlante di fisica* (Giunti 2021).

Questa guida offre all'astroturista le informazioni essenziali per sapere, pianeta per pianeta, astro per astro, che cosa visitare, quali escursioni progettare, come organizzare al meglio la crociera in base al proprio desiderio di avventura.

Qui troverete le migliori mete per scalare le montagne o i vulcani più alti del Sistema Solare, scoprirete su quale pianeta pattinare sul ghiaccio, dedicarsi alle cure termali, assistere a imponenti eruzioni vulcaniche o fare un bagno in un oceano di metano liquido. E potrete spingervi oltre il nostro sistema planetario, arrivando a esplorare la Galassia, le stelle che la popolano, i pianeti extrasolari più estremi, per uscire nello spazio intergalattico e visitare i corpi più distanti nell'universo.

Non è un romanzo di fantascienza e nemmeno un manuale di astronomia. È un modo per affrontare questa splendida disciplina con l'occhio del turista curioso, in cerca di nuovi orizzonti, con la voglia di stupirsi e meravigliarsi davanti alle spettacolari sorprese che il cosmo è capace di offrire.

Se siete in cerca di emozioni forti, questo è il libro che fa per voi!

Made in United States
Troutdale, OR
11/03/2026

56844360R00173